Abderazak Bennia
Samir Rahal

La convection naturelle dans une cavité simulant un thermosiphon

Abderazak Bennia
Samir Rahal

La convection naturelle dans une cavité simulant un thermosiphon

Intensification des transferts de chaleur et contrôle des instabilités

Éditions universitaires européennes

Impressum / Mentions légales

Bibliografische Information der Deutschen Nationalbibliothek: Die Deutsche Nationalbibliothek verzeichnet diese Publikation in der Deutschen Nationalbibliografie; detaillierte bibliografische Daten sind im Internet über http://dnb.d-nb.de abrufbar.

Information bibliographique publiée par la Deutsche Nationalbibliothek: La Deutsche Nationalbibliothek inscrit cette publication à la Deutsche Nationalbibliografie; des données bibliographiques détaillées sont disponibles sur internet à l'adresse http://dnb.d-nb.de.

Coverbild / Photo de couverture: www.ingimage.com

Verlag / Editeur:
Éditions universitaires européennes
ist ein Imprint der / est une marque déposée de
OmniScriptum GmbH & Co. KG
Heinrich-Böcking-Str. 6-8, 66121 Saarbrücken, Deutschland / Allemagne
Email: info@editions-ue.com

Herstellung: siehe letzte Seite /
Impression: voir la dernière page
ISBN: 978-3-8417-8015-7

Nomenclature
générale

Nomenclature générale

Symboles latins :

Symbole	Grandeur	Unité (S.I.)
g	Accélération gravitationnelle	$[m/s^2]$
H	Hauteur de la cavité	$[m]$
L	Longueur de la cavité	$[m]$
E	Epaisseur de la cavité	$[m]$
C_P	Chaleur spécifique à pression constante	$[J\ kg^{-1}\ K^{-1}]$
A = H/L	Rapport d'aspect	Sans unité
t	Temps	$[s]$
h	Coefficient de transfert de chaleur par convection	$[W\ m^{-2}\ K^{-1}]$
T	Température dimensionnelle	$[K]$
T_c	Température de la paroi chaude	$[K]$
T_f	Température de la paroi froide	$[K]$
T_0	Température de référence	$[K]$
u, v	Composantes horizontale et verticale dimensionnelles de la vitesse	$[m/s]$
U,V	Composantes horizontale et verticale adimensionnelles de la vitesse	Sans unité
x,y	Coordonnées cartésiennes dimensionnelles,	$[m]$
X ,Y	Coordonnées cartésiennes adimensionnelles	Sans unité
H_a	Hauteur de l'ailette	$[m]$
L_a	Longueur de l'ailette	$[m]$

Symboles grecs :

Symbole	Grandeur	Unité (S.I.)
α	Diffusivité thermique	$[m^2/s]$
υ	Viscosité cinématique	$[m^2/s]$
μ	Viscosité dynamique	$[Pa.s]$
λ	Conductivité thermique	$[W\ m^{-1}\ K^{-1}]$
ρ	Masse volumique	$[kg/m^3]$
β	Coefficient d'expansion thermique	$[K^{-1}]$
θ	Température adimensionnelle	Sans unité
ΔT	Différence de température	$[K]$
η	Surface de l'ailette	$[m^2]$
ε	Efficacité de l'ailette	Sans unité
δ	Epaisseur de l'ailette	$[m]$
Φ	Flux de chaleur	$[W]$
φ	Densité de flux de chaleur	$[W.m^{-2}]$

Indices :

f : Paroi froide.

c : Paroi chaude.

i, j : $i^{\text{ème}}$ et $j^{\text{ème}}$ composantes.

P : Nœud principal ou central du volume de contrôle considéré.

e : Face "est" du volume de contrôle considéré.

w : Face "ouest" du volume de contrôle considéré.

n : Face "nord" du volume de contrôle considéré.

s : Face "sud" du volume de contrôle considéré.

E : Nœud considéré du côté "est" du nœud principal P.

W : Nœud considéré du côté "ouest" du nœud principal P.

N : Nœud considéré du côté "nord" du nœud principal P.

S : Nœud considéré du côté "sud" du nœud principal P.

Nombres adimensionnels

Symbole	Nombre
Gr	Nombre de Grashof
Ra	Nombre de Rayleigh
Nu_l	Nombre de Nusselt local
$Nu_{moy.}$	Nombre de Nusselt moyen
Pr	Nombre de Prandtl
Pe	Nombre de Péclet

4

Propriétés des fluides et solides utilisés :

Propriété	Huile silicone	Eau	Mercure
Masse volumique ρ (kg/m^3)	948	998.2	13529
Chaleur spécifique c_p (J/kgK)	1510	4182	139.3
Conductivité thermique λ (W/mK)	0,146	0,6	8,54
La viscosité dynamique μ (kg/ms)	0,01896	0,001003	0,001523
Coefficient de dilatation linéaire β (K^{-1})	0,00101	0,0002	0,00018

Propriété	Plexiglas	Acier (Aisi304)
Masse volumique ρ (kg/m^3)	1190	7900
Chaleur spécifique c_p (J/kgK)	1470	477
Conductivité thermique λ (W/mK)	0,19	14,9

Introduction générale

Introduction générale

Le transfert de la chaleur est une science qui étudie la façon dont la chaleur se propage d'une région à une autre sous l'influence d'une différence de température. Ce phénomène est très important dans les domaines des sciences technologiques et de l'industrie. C'est un processus complexe, qui peut avoir lieu en présence des différents modes fondamentaux, à savoir : la conduction, la convection et le rayonnement.

Le mode de convection a un champ d'applications très vaste. Par exemple, les composants électroniques doivent être thermiquement contrôlés pour assurer un fonctionnement adéquat avec l'environnement, pour lequel ils sont prévus : systèmes aéronautiques, des véhicules automobiles, etc. Citons également le refroidissement des réacteurs nucléaires, et d'autres applications fréquentes dans le domaine des énergies renouvelables, telle que la conversion thermique d'énergie solaire.

L'objectif de notre étude consiste à étudier numériquement, en utilisant Fluent comme code CFD de simulation, la convection naturelle laminaire dans une cavité rectangulaire simulant un thermosiphon. La cavité est remplie par divers fluides (huile silicone, eau ou mercure).

Une des parois de la cavité sera dotée d'ailette afin de contrôler les écoulements convectifs et améliorer le taux de transferts de chaleur. Le but étant de trouver la conception optimale qui permet un contrôle thermique adéquat.

Notre étude est présentée en quatre chapitres :
Le premier chapitre est consacré à des généralités sur la convection naturelle, les thermosiphons et caloducs assistés par la gravite dans les enceintes et leurs applications. Une synthèse bibliographique sur la convection naturelle dans les cavités est également présentée.

Le deuxième chapitre présente la configuration géométrique du problème à étudier ainsi que le modèle mathématique avec les équations qui régissent le phénomène de thermosiphon.

Le troisième chapitre présente la Formulation numérique et la présentation du code du calcul Fluent ainsi que le mailleur Gambit.

Le dernier chapitre est consacré à la présentation des résultats numériques en incluant des interprétations et comparaisons avec les résultats contenus dans la littérature.

Enfin, notre mémoire est clôturé par une conclusion générale qui résume les principaux résultats obtenus.

Chapitre I : Généralités et recherches bibliographiques

I-1-Introduction

I-2-Définitions générales

I-3- Présentation générale des caloducs

I-4- Classification des techniques d'amélioration du transfert de   chaleur

I-5- Efficacité d'une ailette

I-6- Les métaux Liquides

I-6- Les métaux Liquides

I-8-Synthèse bibliographique

I-1- Introduction :

La détermination du transfert de chaleur et des caractéristiques des écoulements générés par les forces d'Archimède dans les cavités est un problème, dont l'intérêt tant sur le plan fondamental qu'au niveau des applications pratiques est important. Parmi ces applications nous pouvons citer le stockage d'énergie, l'écoulement d'air dans les pièces d'habitation, les capteurs solaires, le refroidissement des composants électroniques, etc... [1].

La convection est le mécanisme le plus important de transfert de chaleur entre une surface solide et un liquide ou un gaz [2]. La convection caractérise la propagation de la chaleur dans un fluide (gaz ou liquide), dont les molécules sont en mouvement. La convection est un mode de transfert de chaleur où celle-ci est en advection par un fluide figure (I-1).

Figure I- 1: Schéma de transfert de chaleur par convection [2].

Le flux thermique transmis par convection entre la surface de la paroi et le fluide s'écrit de la façon suivante :

$$\Phi = hS\ (T_p - T_f) \tag{1}$$

Deux types de convection sont généralement distingués :

La convection naturelle dans laquelle le mouvement résulte de la variation de la masse volumique du fluide avec la température, cette variation crée un champ de forces gravitationnelles qui conditionne les déplacements des particules fluides. D'autre part, la convection forcée est celle dans laquelle le mouvement est provoqué par un procédé mécanique externe, c'est donc un gradient de pression extérieur qui provoque les déplacements des particules du fluide. L'étude de la transmission de chaleur par convection est donc étroitement liée à celle de l'écoulement des fluides.

Les applications du transfert de chaleur par convection sont beaucoup trop nombreuses pour que l'on puisse envisager de les citer toutes. Elles interviennent chaque fois que l'on chauffe ou que l'on refroidit un liquide ou un gaz, qu'il s'agisse de faire bouillir de l'eau dans une casserole, du radiateur de chauffage central, du radiateur associé au moteur d'une voiture ou de l'échangeur dans un procédé, dans un évaporateur ou encore dans un condenseur, ….etc. [3].

I-2-Définitions générales :

I-2-1- La convection dans les enceintes :

L'étude de la convection naturelle dans les enceintes a fait l'objet d'un très grand nombre de travaux tant théoriques qu'expérimentaux. L'intérêt de telles études réside dans son implication dans de nombreuses applications industrielles. L'enceinte rectangulaire continue à être la géométrie qui présente le plus d'intérêt.

Dans ce type d'enceintes, généralement deux parois sont maintenues à des températures différentes, tandis que les autres sont isolées. On distingue principalement deux configurations, la première est celle d'une enceinte contenant un fluide et soumise à un gradient vertical de température (convection de Rayleigh-Bénard), la seconde étant celle d'une cavité avec un gradient de température horizontal.

I-2-1-a- Cavité avec gradient de température vertical:

L'enceinte qui est chauffée par le bas et refroidie par le haut correspond à la configuration de la convection de Rayleigh-Bénard, qui traite de la stabilité et le mouvement d'un fluide confiné entre deux plaques horizontales maintenues à des températures uniformes et distinctes figures (I-2 et I-3).

La convection de Rayleigh-Bénard a une longue et riche histoire, elle a été étudiée durant des décennies aussi bien pour ses différentes applications industrielles que du point de vue recherche fondamentale.

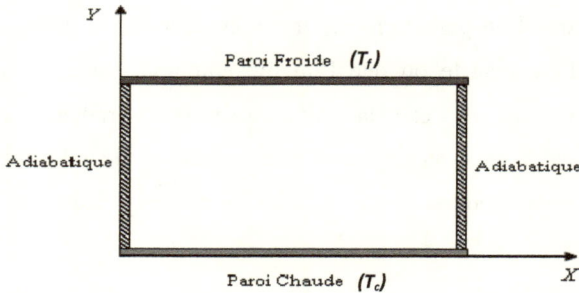

Figure I- 2 : Schéma représentant la configuration de Rayleigh Bénard [4,5]

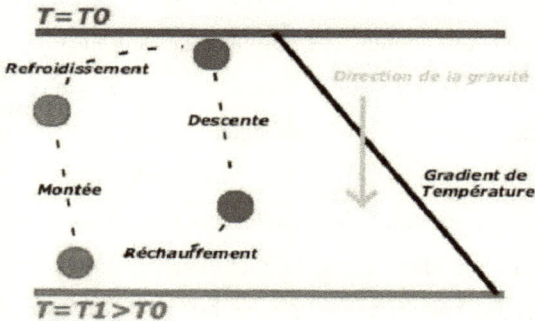

Figure I-3 :Principe de fonctionnement de la convection de Rayleigh-Bénard [2].

Au-delà d'une valeur critique de l'écart de température, des rouleaux contrarotatifs d'axes horizontaux apparaissent au sein du fluide figure (I-4).

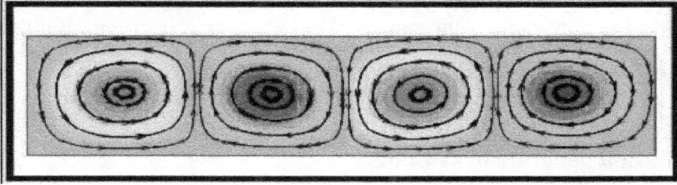

Figure I-4 : Schéma représentant les rouleaux de la convection de Rayleigh-Bénard [3].

I-2-1-b- Enceinte avec gradient de température horizontal :

Dans cette configuration, les parois verticales sont respectivement chauffée et refroidie alors que les parois horizontales sont considérées comme adiabatiques figure (I-5).

L'écoulement est alors monocellulaire avec le fluide ascendant le long de la paroi chaude et descendant suivant la paroi froide. Pour Ra $\leq 10^3$, le transfert de la chaleur est principalement par conduction dans le fluide et le nombre de Nusselt est égal à l'unité [6].

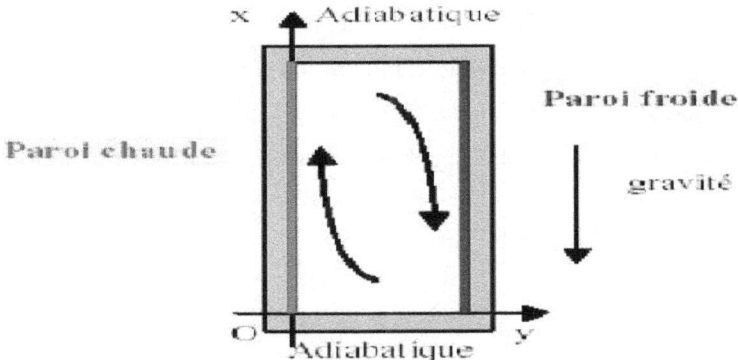

Figure I- 5 : Schéma représentant la convection dans une enceinte avec gradient de température horizontal [6].

I-2-2- Domaines d'applications de la convection naturelle :

Les applications de transfert thermique, dans lesquelles la convection naturelle est le phénomène le plus dominant, sont variées. Dans ce qui suit on va en citer quelques unes qui correspondent à la géométrie (thermosiphon) qu'on se propose d'étudier.

I-3- Présentation générale des caloducs :
I-3-1-Principe de fonctionnement :

Un caloduc est un système qui, grâce à un changement de phase d'un fluide caloporteur, prélève la chaleur d'un point et la transporte vers un autre, sans utiliser de pompe ou un autre dispositif mécanique. Il est constitué d'une enceinte étanche, dont les parois internes sont tapissées d'une structure capillaire. Il contient du liquide qui est en équilibre avec sa vapeur en l'absence totale d'air ou de tout autre gaz.

Le caloduc est composé de trois parties : évaporateur, condenseur et zone adiabatique. Son principe de fonctionnement est représenté dans la figure (I-6)

Dans la zone chauffée (l'évaporateur), le liquide s'évapore et la vapeur vient se condenser dans la zone refroidie (le condenseur). Le fluide condensé retourne vers l'évaporateur grâce à l'effet de la capillarité, développée dans le milieu poreux qui tapisse la paroi interne. Ce réseau capillaire joue le rôle moteur dans le caloduc. Avec un réseau capillaire adapté, le caloduc peut fonctionner dans toutes les positions et par conséquent sans les effets de gravité.

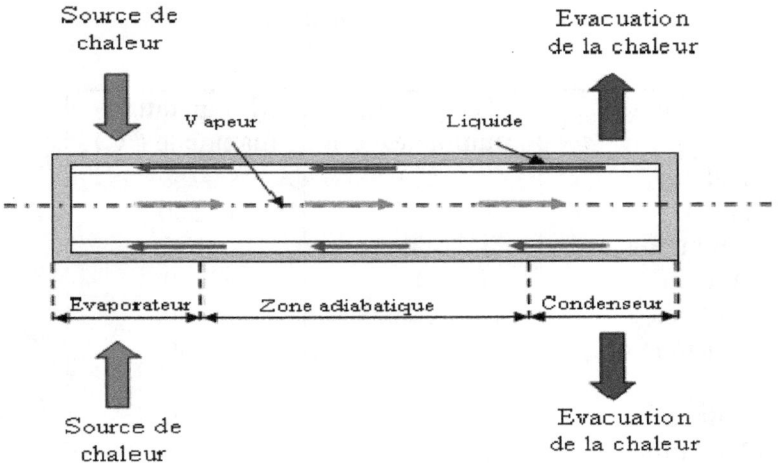

Figure I- 6: Principe de fonctionnement d'un caloduc [7].

L'intérêt principal de ce principe est que le flux de chaleur est transporté entre l'évaporateur et le condenseur avec un très faible gradient de température. Ce phénomène a été étudié par plusieurs auteurs [8, 9] qui ont montré que la valeur équivalente de la conductivité thermique de l'espace vapeur peut atteindre des valeurs 100 fois supérieures à celles du cuivre. En effet, le caloduc permet d'extraire la chaleur d'un endroit difficilement accessible et de la transférer vers une zone facilement refroidie. Ces types de structures sont utilisés dans le domaine de la microélectronique, de la médecine, de l'électronique de puissance et dans le domaine spatial, car le caloduc possède l'avantage de pouvoir fonctionner hors gravité.

I-3-1-a- Les fluides :

Le choix d'un fluide est principalement déterminé par la gamme de température de travail du caloduc. Le tableau (I-1) présente les fluides les plus fréquemment utilisés. D'autres critères pour le choix du fluide sont la compatibilité et la mouillabilité avec le réseau capillaire et le matériau enveloppe.

Tableau I-1 : Fluides couramment utilisés.

Fluide	Température minimale (°C)	Température maximale (°C)
Hélium	-271	-269
Azote	-203	-160
Ammoniaque	-60	100
Acétone	0	120
Méthanol	10	130
Ethanol	0	130
Eau	30	200
Toluène	50	200
Mercure	250	650
Sodium	600	1200
Lithium	1000	1800
ent	800	300

La pression aux conditions de fonctionnement, la chaleur latente, la viscosité, la tension de surface et la conductivité thermique du fluide représentent aussi des critères importants pour le choix du fluide caloporteur.

Le tableau (I-2) représente la compatibilité des fluides les plus utilisés avec certains matériaux enveloppes [10].

Tableau I- 2 : Compatibilité entre fluides et matériaux.

	Al	Cu	Fe	Ni	Inox	Ti
Méthane	C	C			C	
Ammoniaque	C		C	C	C	
Méthanol	I	C	C	C	C	
Eau	I	C		C	C-H_2	C

C : compatible, I : incompatible, C-H_2 compatible avec possibilité d'apparition de H_2.

16

I-3-2- Différents types de caloducs :

Thermosiphons et caloducs assistes par la gravité :

Lorsqu'un caloduc est suffisamment incliné par rapport à l'horizontale et que son évaporateur est situé plus bas que son condenseur, les forces de gravité deviennent suffisantes pour ramener le fluide condensé vers l'évaporateur figure (I-7). Le pompage capillaire n'est donc plus nécessairement la fonction principale du réseau capillaire, bien qu'il continue de remplir d'autres fonctions. La structure capillaire assure, en effet, une bonne répartition du liquide le long de la paroi de l'évaporateur et une évaporation régulière évitant les instabilités dues au retard à l'ébullition. De plus, il limite la surface de contact entre les écoulements liquide et vapeur, ce qui augmente considérablement les capacités de fonctionnement du caloduc. L'intérêt d'avoir un réseau capillaire par rapport à un tube lisse est avant tout d'augmenter notablement les coefficients d'échange internes en évaporation et en condensation et ensuite d'avoir un fonctionnement plus stable.

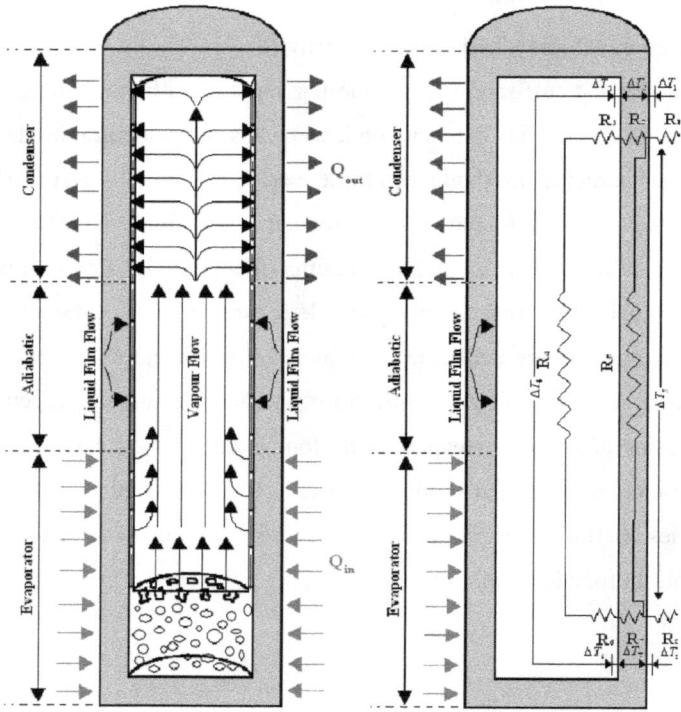

Figure I-7 : Principe d'un thermosiphon diphasique [12]

Caloducs tournants :

Lorsque le caloduc tourne, le retour du liquide vers l'évaporateur est assuré non pas par les forces capillaires mais par la force centrifuge grâce à la forme conique de l'enveloppe. Cette solution est utilisée pour le refroidissement de machines tournantes. Le principe de fonctionnement d'un caloduc tournant est présenté sur la figure (I-8).

18

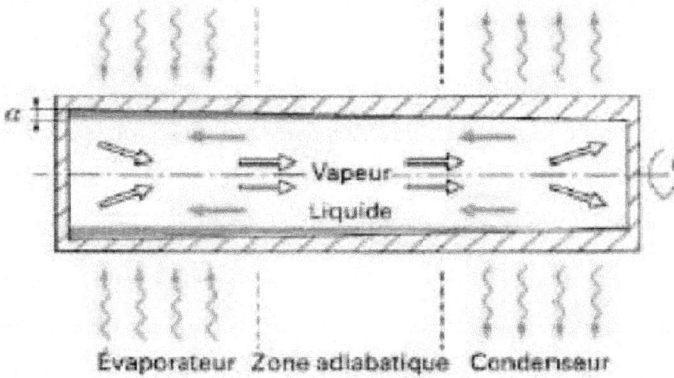

Figure I-8 : Principe d'un caloduc tournant [13].

Caloducs pulsés :

Le caloduc pulsé est relativement nouveau figure (I-9), il s'apparente un peu à une boucle capillaire.

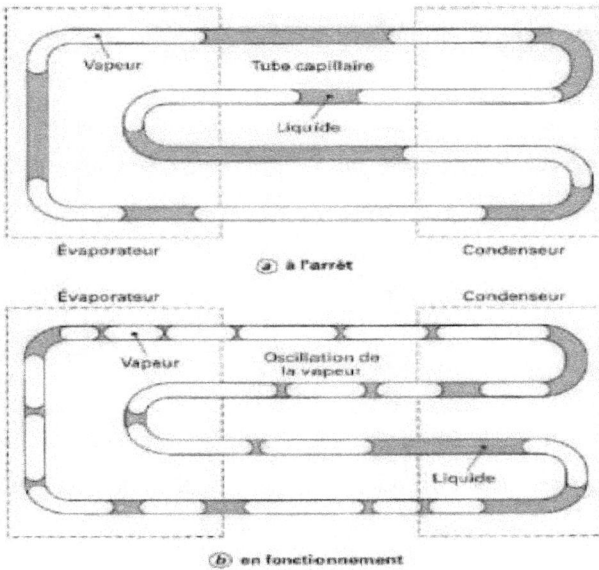

Figure I-9 : Principe de fonctionnement du caloduc pulsé [13].

19

Le tube constitué de plusieurs boucles continues, couple une zone d'évaporation et une zone de condensation. La chaleur est transférée par les oscillations du fluide caloporteur selon la direction axiale. Ces oscillations sont créées par de rapides fluctuations de pression dues à la génération de bulles de vapeur dans la zone d'évaporation et leur coalescence dans la zone de condensation.

Répartiteur de chaleur :

Comme il a été indiqué précédemment, la zone vapeur des caloducs présente une conductivité thermique équivalente très élevée. Il est donc possible de les utiliser comme dissipateur de chaleur. Leur principe de fonctionnement est le même que celui des caloducs classiques, mais les trajets du fluide sont différents car la source chaude (évaporateur) est placée sur une face du caloduc et la source froide (condenseur) utilise l'intégralité de la seconde face. Nous présentons le principe de fonctionnement d'un répartiteur de chaleur sur la figure (I -10).

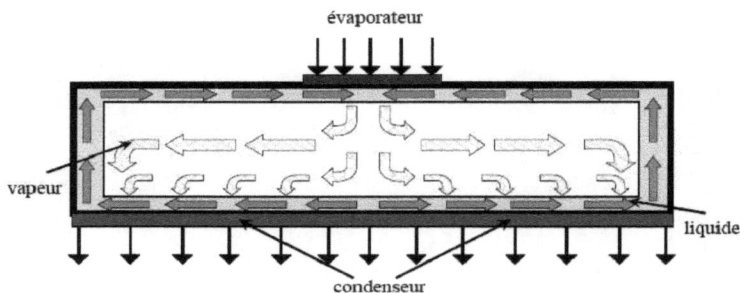

Figure I-10 : Principe de fonctionnement d'un répartiteur de chaleur.

Micro caloducs :

La notion de micro caloduc a été introduite par Cotter [14]. La définition de micro caloduc s'applique à des dispositifs dont le diamètre hydraulique est du même ordre de grandeur que le rayon de l'interface liquide-vapeur.

En pratique, un micro caloduc est constitué par un canal non circulaire de 10 à 500 μm de diamètre équivalent et de 10 à 20 mm de longueur. Le retour du liquide à l'évaporateur s'effectue dans les zones formées par les angles aigus figure (I-11), la puissance véhiculée est de l'ordre du watt [15]. Grace à leur petite taille, ils permettent d'éliminer les points chauds [16].

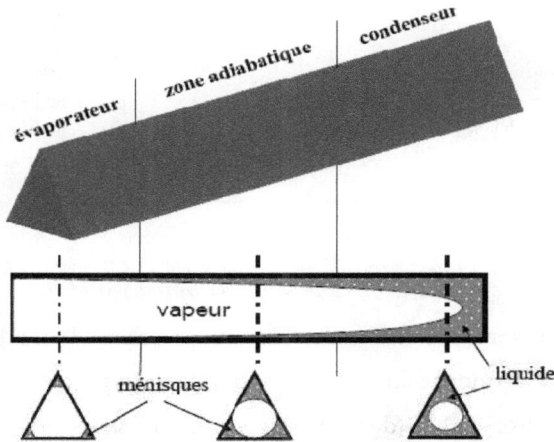

Figure I- 7 : Principe d'un micro caloduc.

Les micro-caloducs sont extrêmement sensibles à la quantité de fluide introduite, à la pureté et au mouillage de la paroi par le liquide.

I-3-3- Domaines de fonctionnement :

Même si le point de fonctionnement du caloduc se trouve sur la ligne de saturation, il est possible qu'il apparaisse une dégradation de son fonctionnement, voir même un disfonctionnement du système. Avec l'augmentation de la puissance injectée, arrive un moment ou le fonctionnement du caloduc s'arrête. Dans ce cas une des cinq limites représentées sur la figure (I-12) est atteinte [17].

21

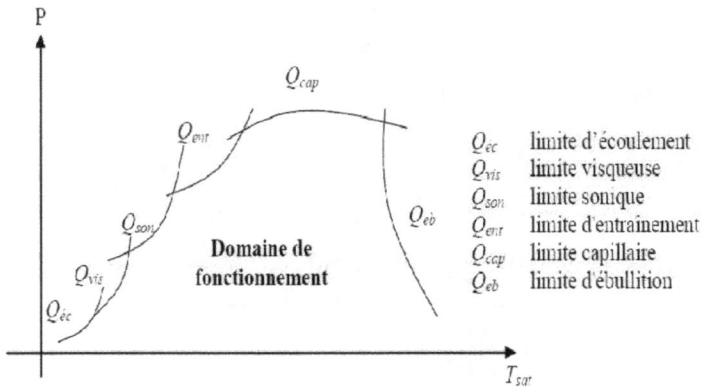

Figure I-12: Domaine de fonctionnement d'un caloduc.

Ces limitations sont essentiellement liées aux propriétés du fluide caloporteur et à la géométrie de l'enveloppe du caloduc.

Une pression trop faible (donc une vapeur insuffisamment dense) conduit à des limites de type visqueux ou sonique, tandis qu'une pression trop élevée conduit à une limite de type ébullition. De plus, lorsque le caloduc fonctionne dans son domaine de température optimal, il existe deux autres limitations relatives au flux thermique que peut transporter le caloduc. Ce sont la limite d'entrainement et la limite capillaire.

I-4-Classification des techniques d'amélioration du transfert de chaleur :

Pour améliorer le transfert de chaleur, plusieurs possibilités peuvent être considérées. Parmi celles-ci on va détailler les techniques citées ci dessous :

I-4-a- Les surfaces traitées :

Elles sont des surfaces qui ont été rendues rugueuses dans le but d'améliorer leurs performances en termes de transfert de chaleur. Ce type de surfaces est principalement employé pour des applications d'ébullition ou de condensation.

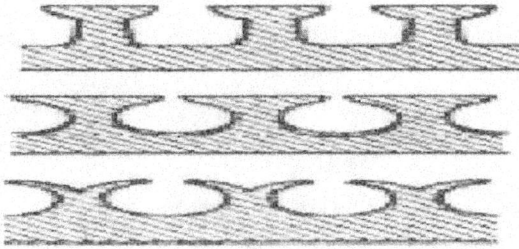

Figure I- 8 : Exemples de surfaces traitées [18 ,19].

I-4-b- Les surfaces rugueuses :

Elles sont généralement des modifications superficielles qui génèrent la turbulence dans l'écoulement, principalement dans des écoulements monophasiques et qui n'augmentent pas la surface de transfert de chaleur. Leurs particularités géométriques s'étendent de la rugosité de grain de sable aléatoire aux protubérances discrètes superficielles.

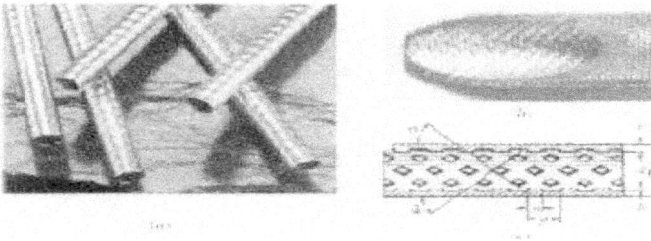

Figure I-9 : Des tubes avec rugosité structurée bi et tridimensionnelle [18,19].

I-4-c- Les surfaces prolongées (ailettes) :

Généralement nommées surfaces ailettes, elles fournissent une augmentation de la surface d'échange. En particulier, les ailettes plates sont généralement employées dans les échangeurs de chaleur.

Figure I-15: Surfaces ailettes utilisées pour le refroidissement électronique [18,19].

Parmi les ailettes, on distingue celles dites longitudinales, celles radiales, et les épines et qui sont décrites ci-dessous.

I-4-d- Les ailettes longitudinales :

Les cinq profils communs des ailettes longitudinales montrés dans la figure (I-16) sont : rectangulaires, trapézoïdale, parabolique concave et parabolique convexe.

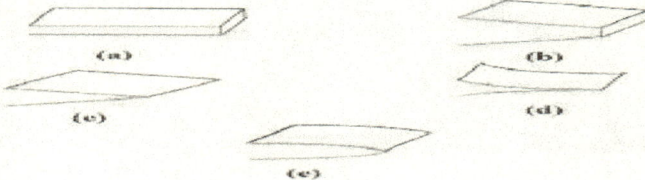

Figure I-16 : Profils des ailettes longitudinales. (a) : rectangulaire, (b) : trapézoïdale, (c) : triangulaire, (d) : parabolique concave et (e) : parabolique convexe [18,19].

I-4-e- Les ailettes radiales :

Ces ailettes radiales sont également appelées annulaires ou encore circulaires. Elles sont montrées dans la figure (I-17) et peuvent être de section rectangulaire, triangulaire ou hyperbolique.

24

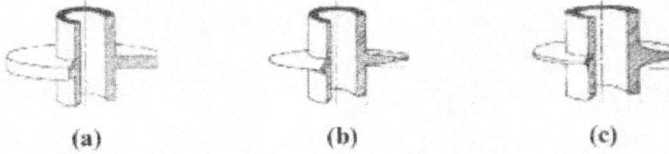

Figure I-17 : Profils des ailettes radiales. (a) : rectangulaire, (b) : triangulaire et (c) : hyperbolique [18,19].

I-4-f- Les épines :

Généralement quatre formes d'épines sont utilisées et qui sont montrées dans la figure (I-18). Elles sont soient cylindriques, coniques, paraboliques concaves ou encore paraboliques convexes.

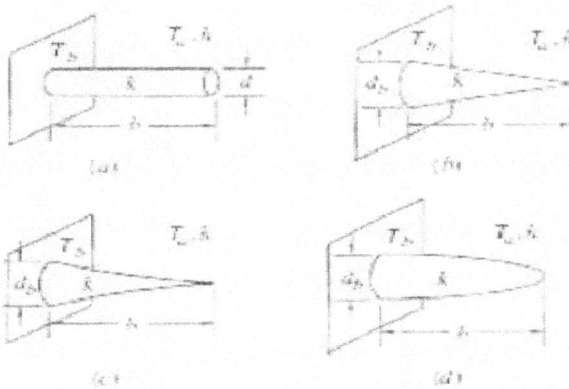

Figure I- 18 : Les épines. (a) : cylindrique, (b) : conique, (c) : parabolique concave et (d) : parabolique convexe [18, 19].

I-5-Efficacité d'une ailette :

Pour déterminer la qualité et l'efficacité d'une ailette, on compare sa performance thermique effective par rapport à sa performance idéale. Pour déterminer l'expression de l'efficacité d'une ailette, les hypothèses suivantes sont considérées [18, 19]:

* La conduction dans l'ailette est stationnaire et unidimensionnelle.

* Le matériau de l'ailette est homogène et isotrope.

* Il n'y a pas d'énergie générée dans l'ailette.

* L'environnement convectif étant caractérisé par sa température et son coefficient de transfert de chaleur.

* L'ailette a une conductivité thermique constante.

* Le contact entre la base de l'ailette et la surface primaire de la cavité est parfait.

* L'ailette a une température constante à sa base.

La chaleur réelle dissipée par l'ailette est donnée par la formule :

$$q_{a=} \lambda \times m \times \eta \times (T_b - T_\infty) \frac{sin\,(h_1 \times m \times L_a) + N \times cos(h_1 \times m \times L_a)}{cos\,(h_1 \times m \times L_a) + N \times sin(h_1 \times m \times L_a)} \qquad \text{(I-1)}$$

La chaleur idéale dissipée par l'ailette est donnée par la formule:

$$q_{idéale} = (h_1 \times m \times L_a + h_2 \times \eta) \times (T_b - T_\infty) \qquad \text{(I-2)}$$

L'efficacité de l'ailette (ε) est donnée par :

$$\varepsilon = \frac{q_a}{q_{idéale}} \qquad \text{(I-3)}$$

Où (figure I-19):

L_a : est la longueur de l'ailette.

b : est le largueur de l'ailette.

δ : est l'épaisseur de l'ailette.

$\eta = b * \delta$: est la surface de l'ailette.

$D = 2*(b + \delta)$: est le périmètre de l'ailette.

h_1, h_2 : sont le coefficient d'échange de chaleur par convection.

T_b: est la température à la base de l'ailette.

T_∞: est la température «à l'infini » dans un écoulement (loin de la paroi).

Avec les grandeurs (m) et (N) qui sont définies comme suit :

$$m^2 = \frac{h_1 \times D}{\lambda \times m} = \frac{2h_1}{\lambda \times \delta} \qquad (I\text{-}4)$$

$$N = \frac{h_2}{K \times m} \qquad (I\text{-}5)$$

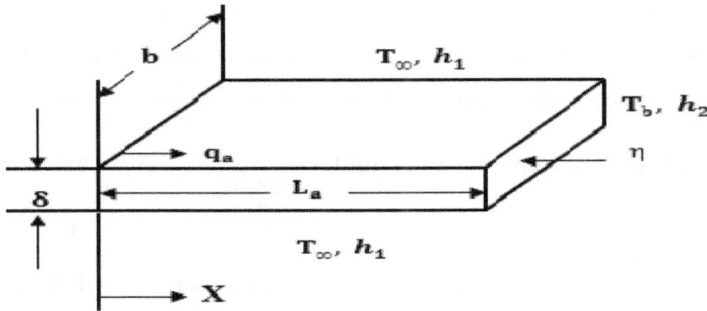

Figure I-19 : Schéma représentant une ailette rectangulaire.

I-6- Les métaux Liquides :

Pour avoir une idée de la différence entre les fluides usuels, ayant des Pr élevés et les métaux liquides à bas Pr, nous donnons le tableau (I-3) à titre d'exemple les caractéristiques d'un liquide à haut nombre de Pr (eau, Pr = 1,72) et d'un métal liquide à bas nombre de Pr (sodium, Pr = 0,0072).

Tableau I- 3 : Propriétés thermo-physiques de l'eau et du sodium [20].

	ρ	λ	$\mu.10^4$	Cp	$\beta.10^4$	$\nu.10^7$	Pr
Eau à 100°C	958	0.68	2.81	4205	7.42	2.8	1.72
Na à 200°C	1130	81.5	4.4	1335	2.57	3.9	0.0072

Ces caractéristiques ne diffèrent fortement que par la conductivité et la viscosité et corrélativement par le nombre de Prandtl.

Au sein de la classe des métaux liquides, les caractéristiques peuvent être très variables mais la conductivité thermique (λ) est toujours beaucoup plus grande que celle des fluides ordinaires et Pr << 1.

Les coefficients de convection des métaux liquides sont pour les mêmes surfaces d'échange et les mêmes écarts de température, beaucoup plus élevés que ceux des autres fluides, d'où leur utilisation dans les applications qui font intervenir de très fortes densités de flux (refroidissement des réacteurs nucléaires notamment) [20].

I-6-1- Propriétés de quelques métaux liquides :

a- le Gallium :

Généralement, la bauxite est considérée comme la meilleure source de la production de gallium. Le Gallium est un métal liquide qui a un bas nombre de Prandtl (Pr = 0,025 à 300 K) et a un point de fusion de 29,78°C. Le Gallium a plusieurs propriétés qui lui donnent l'avantage sur le silicium dans beaucoup d'applications. Ces avantages sont particulièrement appréciés dans les applications de l'optoélectronique. Le gallium arsenic (GaAs) est ainsi utilisé pour fabriquer des diodes de laser, applications pour lesquelles le silicium ne peut être utilisé. Le GaAs et le silicium peuvent convertir la lumière en énergie électrique, ce qui les rend utiles pour la fabrication des photodiodes et des cellules solaires, mais le GaAs peut convertir plus de lumière disponible en énergie électrique.

Le gallium arsenic est environ dix fois plus résistant à la radiation que le silicium. Cette résistance est essentielle dans les utilisations dans l'espace où les composants sont exposés aux intenses radiations du soleil [21,22].

b- Le Mercure:

En comparaison avec d'autres métaux, le mercure et ses minerais sont rares dans la croûte terrestre. Le mercure élémentaire possède les caractéristiques d'un métal lourd et précieux. Il a de grandes conductivités électrique et thermique et une faible pénétrabilité à la lumière. Il est malléable à l'état solide. Son poids spécifique est plus élevé que celui du plomb et il est relativement résistant aux influences chimiques. Propriété particulière du mercure, il se présente sous forme liquide à des températures beaucoup plus basses que les autres métaux, le point de fusion se situe à -38,84°C et la température d'ébullition à 356,5°C. Il est ainsi le seul métal qui est liquide à température ambiante. Il possède en outre un coefficient de dilatation thermique élevé, proportionnel à la température entre 0 et 100°C. Les domaines d'utilisation du mercure et de ses composés sont nombreux et très divers : instruments de mesure et de contrôle, fabrication des tubes fluorescents, etc....Le grand inconvénient du mercure est qu'il est toxique, ce qui a conduit à une forte diminution de son utilisation au cours des dernières années [23,24].

I-7- Refroidissement des composants électroniques :

Dans un tout autre ordre d'idée, la miniaturisation croissante des circuits électroniques demande une dissipation de plus en plus efficace de la chaleur qui y est générée. Il s'agit en fait d'un des principaux obstacles à surmonter afin d'augmenter la puissance des ordinateurs et de l'électronique en général. Pour sa simplicité, le système de refroidissement actuellement le plus courant est la convection (naturelle ou forcée) en utilisant l'air ambiant [23,25].

I-8- Synthèse bibliographique :

Les études de la convection naturelle dans des cavités confinées constituent depuis plusieurs années l'objet de plusieurs recherches du fait de son implication dans de nombreux phénomènes naturels et applications industrielles.

L'étude de ce phénomène a suscité et suscite encore aujourd'hui l'intérêt de nombreux scientifiques et industriels. Les recherches menées dans ce domaine s'étendent sur un peu plus d'un siècle. Un nombre considérable de travaux a été entrepris, suite à la découverte du phénomène par les expériences de **Bénard [4]** et l'analyse théorique de **Rayleigh [5]** au début du XXème siècle jusqu'à présent.

Dans cette partie, on présente une recherche bibliographique sur la convection naturelle dans des cavités avec ou sans ailettes. Comme on l'a déjà signalé, ce problème est un prototype de beaucoup d'applications industrielles telles celles présentes dans la thermique du bâtiment et dans le refroidissement des composants électroniques, etc…

Pour comprendre le problème ci-dessus, nous devrons d'abord consulter les études précédentes, faites par quelques chercheurs.

Dans **H. Jouhara et al. [12]**, une étude expérimentale de la performance thermique d'un thermosiphon a été effectuée avec de l'eau ainsi qu'avec d'autres liquides (FC-84, FC-77, FC-3283) en tant que fluides de travail. Le thermosiphon en cuivre était de 200 mm de long avec un diamètre intérieur de 6 mm. Chaque thermosiphon a été chargé avec 1,8 ml de fluide de travail et a été testé avec une longueur de l'évaporateur de 40 mm et une longueur de 60 mm pour le condenseur. Les performances thermiques de l'eau chargée ont été supérieures à celle des trois autres fluides de travail à la fois concernant la résistance thermique effective ainsi que le transfert de chaleur.

C. Benseghir [19] a étudié numériquement la convection naturelle laminaire instationnaire dans une cavité différentiellement chauffée et remplie d'air. Une ou plusieurs ailettes minces ont été placées sur la paroi chaude de la cavité. Les équations gouvernantes ont été discrétisées par la méthode des volumes finis en utilisant un schéma hybride. L'influence des paramètres de contrôle (nombre de Rayleigh, rapport d'aspect, nombre de l'ailettes, leurs positions et longueurs) a été considérée.

Vahl Davis [22] a présenté une solution numérique de la convection naturelle dans une cavité carrée chauffée différentiellement, où les deux surfaces supérieure et inférieure sont adiabatiques.

Lakhal et Hasnaoui [23] ont étudié numériquement la convection naturelle transitoire dans une cavité carrée soumise par le bas à une variation sinusoïdale de la température pour un nombre de Prandtl égal à 0,71 (l'air) et pour des nombres de Rayleigh variant de 10^5 à 10^6. On y montre que si l'on s'intéresse au transfert thermique moyen, le chauffage périodique est avantageux si l'amplitude de l'excitation est grande et si l'intensité de la convection est importante.

Ishihara et al. [25] ont réalisé une étude expérimentale et numérique en utilisant une enceinte rectangulaire verticale dans lequel seule une des parois verticales agit comme surface de transfert de chaleur.

Japikse [34] a considéré un thermosiphon tubulaire rempli d'air. **Mallinson et al. [35]** ont étudié numériquement et expérimentalement l'écoulement tridimensionnel et le transfert de chaleur effectué par la convection naturelle dans un thermosiphon rectangulaire.

Bayley et Lock [36] ont trouvé que l'écoulement du fluide peut être classé en trois régimes. Une classification sur la base de la différence de température entre le chauffage et les surfaces de refroidissement: à savoir, -1) Dans le cas petite différence de température entre les deux, un flux de convection faible a lieu dans chaque zone, chaque flux étant indépendant des flux dans les autres zones. -2) Avec une grande différence de température, les flux ascendants et descendants s'interpénètrent mutuellement et se mélangent dans la zone intermédiaire et -3) Où il n'y a qu'une différence de température modérée, il n'ya aucune collision entre les flux ascendants et descendants.

Ibrir [37] a étudié la convection naturelle dans une enceinte rectangulaire de dimensions 0,091m*0,06 m. contenant du mercure et soumise à un gradient horizontal de température à l'aide du code ANSYS (basé sur la méthode des éléments finis). Pour plusieurs valeurs des paramètres de contrôle (Gr, Ra, A), elle a trouvé que la convection naturelle dans le mercure est considérablement différente de celle dans les fluides à haut nombre de Prandtl (eau, air).

Tang [38] a étudié l'effet du rapport d'aspect sur la convection naturelle dans l'eau, près de sa densité maximum. Il a conclu que le rapport d'aspect a un impact fort sur les modèles d'écoulement et les distributions de température dans les enceintes rectangulaires.

Wolff et al. [39] ont étudié expérimentalement et numériquement le transfert de chaleur dans des cavités verticales en 2D, remplies de métaux liquides. Les expériences ont été menées dans deux enceintes différentes avec deux parois latérales opposées qui sont maintenues à des températures différentes et les autres parois isolées. L'étain et le gallium ont été utilisés comme fluides de convection. Pour plusieurs valeurs des paramètres de contrôle (Gr, Ra.), ils ont trouvé que la convection naturelle dans les métaux liquides est considérablement différente de celle dans les fluides à haut nombre de Prandtl. L'écoulement est alors caractérisé par une grande cellule de convection dans le centre et de petites cellules de circulation dans les coins de la cavité. Leurs résultats numériques n'étant pas en accord avec les mesures expérimentales, en particulier au centre de la cavité, le besoin pour des simulations numériques à trois dimensions précises s'est fait donc sentir. Malgré que **Viskanta et al. [40]** ont mené des simulations en 3D, ils ont mentionné que leurs résultats numériques étaient préliminaires et ont besoin d'un raffinement du maillage.

Bourich et al. [41] ont étudié numériquement la convection naturelle bidimensionnelle dans une enceinte poreuse carrée chauffée partiellement de dessous et refroidie par les côtés à une température constante. Leur analyse a inclus l'influence de la partie chauffée sur le transfert de chaleur.

Paolucci et Chenoweth [42] ont étudié la convection naturelle dans les enceintes peu profondes avec des parois différentiellement chauffées.

Stewarl et Weinberg [43] furent parmi les premiers à étudier la convection naturelle au sein d'une cavité rectangulaire bidimensionnelle avec des parois horizontales isolées et des parois verticales isothermes, pour des nombres de Prandtl qui varient de 0,0127 (étain liquide) à 10,0 (eau) avec un nombre de Grashof qui varie de $2x10^3$ à $2x10^7$ en (2D). Ils ont comparé le comportement de l'écoulement dans plusieurs types de fluides et ont démontré que le comportement de l'écoulement dans les métaux liquides est différent de celui des fluides usuels

Wakashima et al. [44] ont obtenu numériquement une solution idéale dite «Benchmark» de la convection naturelle tridimensionnelle de l'air dans une enceinte cubique, chauffée différentiellement par les deux parois verticales, les autres parois étant adiabatiques. Les calculs ont été effectués pour trois nombres de Rayleigh : $10^4, 10^5$ et 10^6 . La méthode de résolution est la TSM (time space method). Cette méthode est basée sur la discrétisation du troisième ordre des termes spatiaux et quatrième ordre des termes temporels. La stabilité numérique de cette méthode est assurée et le choix du pas de temps est arbitraire. Ce travail peut être utilisé pour valider les performances et l'exactitude de n'importe quelle méthode numérique.

Valencia et Frederick [45] ont analysé numériquement la convection naturelle de l'air dans une cavité carrée avec parois partiellement thermiquement actives pour cinq différents endroits de chauffage. Ils ont trouvé que le taux de transfert de chaleur est augmenté quand l'endroit de chauffage est au milieu du mur chaud.

Deng et al [46] ont étudié numériquement la convection naturelle laminaire stationnaire dans une enceinte rectangulaire avec des sources de chaleur discrètes sur la paroi. Ils ont conclu que le rôle des sources de chaleur isothermes est généralement beaucoup plus fort que le flux des sources de chaleur.

D.W. Crunkleton et T. J. Anderson [47] ont étudié numériquement et théoriquement la convection naturelle laminaire à faible nombre de Prandtl causée par des différences de densité importantes dans une cavité carrée qui est chauffée latéralement.

E. Stalio et al. [48] ont étudié la convection forcée dans un canal contenant une série périodique de cavités rectangulaires. Le transfert de chaleur par convection dans des conditions laminaires est étudié numériquement pour un nombre de Prandtl $Pr = 0,025$. Des simulations numériques basées sur la méthode des volumes finis ont été effectuées pour dix valeurs du nombre de Reynolds comprises entre 24,9 et 2260.

Frederick et Valencia [49] ont étudié la convection dans une cavité différentiellement chauffée avec une ailette rectangulaire fixée à la paroi chaude et pour un petit rapport de conductivités thermiques (ailette/fluide). Ils ont observé des réductions du transfert thermique à la paroi chaude par rapport à une cavité sans ailette particulièrement pour Rayleigh allant de 10^4 à 10^5.

Nag et al. [50] Ont étudié la convection dans une cavité différentiellement chauffée en considérant deux cas : le premier avec une ailette à conductivité thermique infinie et le deuxième avec une ailette adiabatique pour (Ra) allant de 10^4 à 10^5. Ils ont trouvé qu'il y a une réduction du transfert thermique à la paroi chaude par rapport à la cavité non ailettée. Ils ont proposé une corrélation du nombre de Nusselt moyen à la paroi froide en fonction du (Ra) et de la longueur de l'ailette.

Lakhal et al. [51] ont étudié numériquement la convection dans une cavité rectangulaire inclinée avec une ailette à conductivité élevée. Ils ont étudié les effets du rapport des longueurs (longueur de l'ailette/longueur de la cavité).

Tasnim et collins [52] ont étudié numériquement les effets du nombre de Rayleigh, de la position et de la longueur d'une ailette dans une cavité sur la performance du transfert thermique. Ils ont trouvé que l'introduction d'une ailette augmente le flux de chaleur moyen transféré au fluide de 31.46% par rapport à cavité sans ailette pour $Ra=10^4$.

Nada [53] a étudié expérimentalement l'optimisation d'une rangée d'ailettes rectangulaire dans des cavités étroites verticales pour différentes valeurs du nombre de Rayleigh. Elle a étudié en particulier l'espacement et la longueur des ailettes. Elle a trouvé que l'augmentation de la longueur de l'ailette fait augmenter l'efficacité de la surface ailettée et l'augmentation du Ra fait croitre le nombre de Nusselt moyen pour n'importe quelle géométrie de rangée d'ailettes.

Arquis et Rady [54] ont effectué une étude numérique pour une cavité avec les parois verticales qui sont adiabatiques. Une rangée d'ailettes rectangulaires, de conductivité thermique élevée, est fixée à la paroi chaude. Ils ont étudié les effets des longueurs et de l'espacement d'ailettes pour un grand intervalle du nombre de Rayleigh (Ra de 2000 à 30000). Ils ont trouvé que l'introduction des ailettes réduit le taux de transfert thermique à la paroi chaude par rapport à une cavité sans ailette.

Yucel et turkoglu [55] ont considéré le cas d'une cavité verticale avec les parois horizontales qui sont adiabatiques et une ailette rectangulaire mince fixée à la paroi froide. Ils ont constaté que l'efficacité de la surface ailettée augmente avec l'accroissement du nombre d'ailettes et de leurs longueurs.

Chapitre II :
Modèle physique et formulation mathématique

II-1- Introduction :

Dans ce chapitre, nous présentons la configuration considérée dans cette étude ainsi que les équations gouvernantes, les conditions initiales et celles aux limites imposées.

II-2- Description du problème :

La configuration étudiée est représentée dans la figure (II-1).

C'est une cavité rectangulaire de hauteur (h), longueur (l) et de épaisseur (e) remplie d'huile Silicone. Les dimensions de la cavité étant : 100mm*100mm*5mm.

Les parois localisées à: [z=0 et e, $0 \leq x \leq l$, $0 \leq y \leq y_1$ et $y_2 \leq y \leq h$] étant soumises à des conditions de Dirichlet en température tandis que les autres parois sont maintenues adiabatiques (conditions de Neumann) [25].

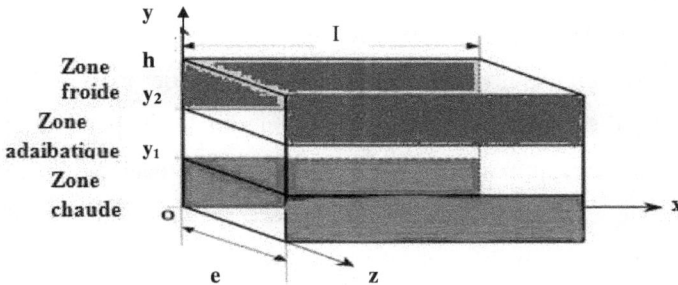

Figure 1 : Schéma de la configuration considérée [25] .

II-3- Hypothèses simplificatrices :

Afin de simplifier la formulation du modèle mathématique, nous allons considérer les approximations suivantes, qui sont souvent utilisées dans l'étude de la convection naturelle [25]:

*   Le fluide est newtonien et incompressible.

*   Les propriétés physiques du fluide sont constantes, sauf la masse volumique, qui obéit à l'approximation de Boussinesq dans le terme de la poussée d'Archimède.

37

* L'écoulement est stationnaire et bidimensionnel.

* L'écoulement est laminaire.

* La masse volumique varie linéairement avec la température et elle est donnée par la relation suivante :

$\rho=\rho_0[1-\beta(T-T_0)]$ **(II-1)**

β: coefficient de dilatation cubique du fluide.

ρ_0 : Masse volumique de référence (à la température de référence).

T_0 : Température de référence.

II-4- Equations du modèle mathématique:

II-4-1- Equations gouvernantes dimensionnelles :

Les équations régissant l'écoulement sont les équations de continuité, de Navier-Stokes et d'énergie, qui expriment la conservation de masse, de quantité de mouvement et d'énergie. Pour une formulation simple du problème, nous allons considérer quelques approximations entre autres l'approximation de Boussinesq [25]. L'hypothèse de Boussinesq ne devrait pas être employée si les différences de température dans le domaine d'étude sont grandes. En outre, elle ne peut pas être utilisée dans les calculs de combustion ou les écoulements réactifs [26].

II-4-1-a- Equation de continuité :

C'est l'équation, qui exprime la loi de conservation de la masse pour un volume de contrôle matériel. Elle s'exprime mathématiquement sous la forme suivante [25]:

$$\frac{\delta\rho}{\delta t} + div(\rho.v) = 0$$ **(II-2)**

Où v : Le vecteur vitesse.

Qui, après simplification devient :

$$\frac{\partial u}{\partial x} + \frac{\partial v}{\partial y} + \frac{\partial w}{\partial z} = 0$$ **(II-3)**

II -4-1-b-Equation de quantité de mouvement (ou équation de Navier-Stokes) :

Le principe de conservation de la quantité de mouvement permet d'établir les relations entre les caractéristiques du fluide et son mouvement et les causes qui le produisent [24].

$$\rho \left(u\frac{\partial u}{\partial x} + v\frac{\partial u}{\partial y} + w\frac{\partial u}{\partial z} \right) = -\frac{\partial p}{\partial x} + \mu(\frac{\partial^2 u}{\partial x^2} + \frac{\partial^2 u}{\partial y^2} + \frac{\partial^2 u}{\partial z^2}) \qquad \text{(II-4)}$$

$$\rho \left(u\frac{\partial v}{\partial x} + v\frac{\partial v}{\partial y} + w\frac{\partial v}{\partial z} \right) = -\frac{\partial p}{\partial y} + \mu(\frac{\partial^2 v}{\partial x^2} + \frac{\partial^2 v}{\partial y^2} + \frac{\partial^2 v}{\partial z^2})$$

$$+ \rho g\beta(T\text{-}T_c) \qquad \text{(II-5)}$$

$$\rho \left(u\frac{\partial w}{\partial x} + v\frac{\partial w}{\partial y} + w\frac{\partial w}{\partial z} \right) = -\frac{\partial p}{\partial z} + \mu(\frac{\partial^2 w}{\partial x^2} + \frac{\partial^2 w}{\partial y^2} + \frac{\partial^2 w}{\partial z^2}) \qquad \text{(II-6)}$$

II-4-1-c- Equation de l'énergie :

L'équation de conservation d'énergie est comme suit [25]:

$$\frac{D}{Dt}\left(\rho c_p T\right) = \Delta(\lambda T) + q + \beta T\frac{DP}{Dt} + \mu\Phi \qquad \text{(II-7)}$$

Avec :

$\dfrac{D}{Dt}\left(\rho c_p T\right)$: La variation totale d'energie.

$\Delta(\lambda T)$: La variation d'energie par conduction.

$\beta T\dfrac{DP}{Dt}$: La variation d'energie due à la compressibilité.

Qui après simplification devient :

$$\rho c \left(u\frac{\partial T}{\partial x} + v\frac{\partial T}{\partial y} + w\frac{\partial T}{\partial z} \right) = \lambda(\frac{\partial^2 T}{\partial x^2} + \frac{\partial^2 T}{\partial y^2} + \frac{\partial^2 T}{\partial z^2}) \qquad \text{(II-8)}$$

II-4-2- Equations gouvernantes adimensionnelles :

L'adimensionnalisation consiste à transformer les variables dimensionnelles en variables sans dimensions, c'est-à-dire qu'elles seront normalisées par rapport à certaines grandeurs caractéristiques. Cela permet de spécifier les conditions d'écoulement avec un nombre restreint de paramètres pour rendre la solution plus générale. La formulation en variables adimensionnées est importante pour simplifier les équations qui régissent l'écoulement et pour guider les expérimentations qui doivent être effectuées.

Pour établir les équations adimensionnelles, au lieu d'utiliser les coordonnées (x, y, z) et les composantes (u, v, w) de la vitesse et la pression (p), nous utiliserons de nouvelles variables adimensionnelles définies de la manière suivante [27]:

$$Y = \frac{y}{H} \ , \ X = \frac{x}{L} \ , \ U = \frac{u}{vH/L^2} \ , \ V = \frac{v}{v/L} \ , \ \theta = \frac{T - T_c}{T_{h} - T_c} \ , \ P = \frac{p}{\rho_0 \left(\frac{v}{L}\right)^2} \tag{II-9}$$

Les équations adimensionnelles deviennent alors :

❖ **Equation de continuité :**

$$\frac{\partial U}{\partial X} + \frac{\partial V}{\partial Y} = 0 \tag{II- 10}$$

❖ **Equations de quantité de mouvement :**

Suivant X :

$$U \frac{\partial U}{\partial X} + V \frac{\partial U}{\partial Y} = -\frac{\partial P}{\partial X} + \frac{1}{Ar^2} \frac{\partial^2 U}{\partial X^2} + \frac{\partial^2 U}{\partial Y^2} \tag{II-11}$$

Suivant Y:

$$U \frac{\partial V}{\partial X} + V \frac{\partial V}{\partial Y} = -\frac{1}{Ar^2} \frac{\partial P}{\partial Y} - \frac{Gr}{Ar} \theta + \frac{1}{Ar^2} \frac{\partial^2 V}{\partial X^2} + \frac{\partial^2 V}{\partial Y^2} \tag{II-12}$$

❖ **Equation de l'énergie :**

$$U \frac{\partial \theta}{\partial X} + V \frac{\partial \theta}{\partial Y} = \frac{1}{Pr} \left[\frac{1}{Ar^2} \frac{\partial^2 \theta}{\partial X^2} + \frac{\partial^2 \theta}{\partial Y^2} \right] \tag{II-13}$$

➤ Nombre de Grashof :

C'est un nombre sans dimension utilisé en mécanique des fluides pour caractériser la convection naturelle dans un fluide. Il correspond au rapport des forces de gravité sur les forces visqueuses. On le définit par :

$$Gr = \frac{g\beta\Delta T L_a^3}{v^2} \tag{II-14}$$

Où :

L_a : La longueur caractéristique entre la paroi chaude et froide.

➤ Nombre de Rayleigh :

C'est un nombre sans dimension caractérisant aussi le transfert de chaleur au sein d'un fluide. On le définit de la manière suivante :

$$Ra = Gr \times Pr = \frac{g\beta\frac{(T_c - T_f)H^4}{L}}{v\alpha} \tag{II-15}$$

Où :

g : Accélération de la pesanteur.

β : Coefficient de dilatation.

α : Diffusivité thermique.

v : Viscosité cinématique.

H : Hauteur de la cavité.

L : Longueur de la cavité.

T_c : température chaude.

T_f : température froide.

➤ Nombre de Prandtl :

C'est un nombre adimensionnel. Il représente le rapport entre la diffusivité de quantité de mouvement (ou viscosité cinématique) et la diffusivité thermique. On le définit de la manière suivante :

$$Pr = \frac{\mu c_p}{\lambda} = \frac{v}{\alpha} \tag{II-16}$$

41

II-5- Conditions aux limites et initiales :

La résolution du système d'équations obtenu précédemment nécessite l'incorporation des conditions aux limites pour chaque variable. Les conditions de température sont imposées au niveau des parois comme dans la référence [25].

Les conditions aux limites associées au problème sont donc :

*Conditions de Dirichlet :

$T=T_c$ si z=0 et e, $0 \leq x \leq 1$, $0 \leq y \leq y_1$ correspondant à la partie chaude.

$T=T_f$ si z=0 et e, $0 \leq x \leq 1$, $y_2 \leq y \leq h$ correspondant à la partie froide.

*Conditions de Neumann :

Les autres parties sont maintenues adiabatiques.

II-6- Transfert de chaleur :

Le taux du transfert de la chaleur par convection est décrit par le nombre de Nusselt qui est le rapport entre la chaleur transférée par conduction et convection par rapport à la chaleur transférée par conduction pure. Le nombre de Nusselt (*Nu*) est défini comme suit :

$$Nu = \frac{hl}{\lambda} \qquad (\text{II-17})$$

h: Coefficient de transfert de chaleur.

l : longueur de la cavité.

λ: conductivité thermique du fluide.

Pour une cavité chauffée différentiellement, le Nusselt moyen peut être calculé en moyennant les nombres de Nusselt locaux qui sont calculés au niveau de tous les nœuds de la paroi froide ou chaude.

Le Nusselt moyen est alors donné par la relation :

$$Nu = \frac{\sum_{n\alpha uds} Nu_{local}}{n} \qquad (\text{II-18})$$

n= nombre des nœuds.

Le flux de transfert de chaleur est donné par:

$$\Phi = h \, s \, \Delta T \tag{II-19}$$

Avec :

S : surface d'échange.

ΔT : la différence de température.

La densité de flux de la chaleur :

$$\varphi_p = h(T_p - T_m) \tag{II-20}$$

T_m: Température moyenne définie comme :

$$T_m = \frac{T_f + T_c}{2} \tag{II-21}$$

II-7- Conclusion :

A la fin de ce chapitre, nous aboutissons au modèle mathématique. Ce dernier est alors constitué d'un système d'équations complété par des conditions aux limites. Les équations de bilan sont donc connues mais :

➢ La résolution analytique de ces équations de bilan n'est pratiquement jamais réalisable.

➢Les non-linéarités visibles dans les équations sont principalement à l'origine des difficultés pour obtenir une solution analytique.

Donc, l'utilisation des méthodes numériques s'avère indispensable pour la résolution du système d'équations obtenu. Dans notre étude, on a utilisé le code CFD FLUENT (v 6.3.26), basé sur la méthode des volumes finis, pour résoudre les différentes équations. Cette méthode est exposée dans le chapitre suivant.

Chapitre III : Formulation numérique et logiciels de calcul

III-1- Introduction :

La résolution des équations de conservation d'un phénomène physique se fait par l'utilisation d'une méthode numérique bien déterminée. Cette dernière consiste à développer les moyens de la résolution de ces équations. A cette étape, intervient le concept de la discrétisation des équations différentielles, qui a pour résultat, un système d'équations algébriques non linéaires, ces équations décrivant les propriétés discrètes du fluide dans chaque nœud du domaine étudié.

Il existe plusieurs méthodes numériques de discrétisation, les plus utilisées sont:

➤ La méthode des éléments finis.

➤ La méthode des différences finies.

➤ La méthode des volumes finis.

Dans la présente étude, on a utilisé la méthode des volumes finis avec des volumes de contrôle quadrilatéraux et un maillage structuré.

III-2- Procédure numérique :

La méthode des volumes finis a été décrite pour la première fois en (1971) par Patankar et Spalding [28]. Le principe de cette méthode repose sur une technique de discrétisation, qui convertit les équations différentielles aux dérivées partielles en équations algébriques, qui peuvent par la suite être résolues numériquement.

Elle se distingue par la fiabilité de ses résultats, son adaptation au problème physique, sa possibilité de traiter des géométries complexes, elle garantit la conservation de masse et de quantité de mouvement et de tout scalaire transportable sur chaque volume de contrôle dans tout le domaine de calcul, ce qui n'est pas le cas pour les autres méthodes numériques.

Le domaine de calcul est divisé en nombres finis de sous-domaines élémentaires, appelés volumes de contrôle, chacun de ces derniers englobe un nœud, dit nœud principal, comme il est indiqué sur la figure (III-1).

La technique des volumes finis comporte essentiellement les étapes suivantes :

➢ La division du domaine considéré en volumes de contrôle.

➢ La formulation intégrale des équations différentielles aux dérivées partielles.

➢ L'écriture des équations algébriques aux nœuds du maillage.

➢ La résolution du système algébrique obtenu.

.

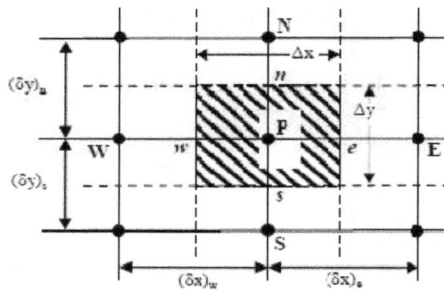

Figure III-1: volume de contrôle typique [29].

Pour un nœud principal P, les points E et W (Est et Ouest) sont des voisins dans la direction (x), tandis que N et S (Nord et Sud) sont ceux dans la direction (y). Le volume de contrôle entourant P est montré par des lignes discontinues alors que les faces sont localisées aux points (*e*) et (*w*) dans la direction (x), *(n)* et *(s)* dans la direction (y).

Dans ce mémoire, la simulation du problème est effectuée par le logiciel FLUENT, qui est basé sur la méthode des volumes finis, en utilisant le schéma «loi de puissance» pour la discrétisation des équations de quantité de mouvement et d'énergie.

III-3- Maillage :

III-3-1-Définitions préliminaires :

Bloc : zone du maillage indépendante (au moment de sa création) d'autres zones adjacentes.

Sous bloc : zone dont le maillage est lié aux zones adjacentes [30].

Maillage conforme : le maillage est dit conforme s'il est continu sur tout le bloc (continuité des lignes de maillage d'un bloc à l'autre et au travers de l'interface).

Maillage non conforme : le maillage n'est pas continu au passage d'un bloc à l'autre. Par conséquent, dans un bloc, il peut y avoir plusieurs sous blocs qui sont conformes entre eux. Deux blocs sont par définition non conformes.

Remarque : si le maillage présente des cellules non structurées, il est considéré comme non conforme et les deux sous blocs doivent être traités comme des blocs indépendants.

III-3-2-Construction des maillages :

La réalisation d'un maillage se fait en deux étapes : la création de la géométrie puis son maillage surfacique (2D) ou volumique (3D). Avant de commencer à construire la géométrie support du maillage, il convient de bien réfléchir au découpage topologique du domaine [30].

Pour mailler correctement une géométrie, il faut donc séparer les problèmes :

> ➤ identifier les différentes conditions aux limites. Chacune d'entre elles est liée à un segment ou à une face propre.
>
> **Exemple** : en 2D, si on a une entrée de fluide sur uniquement une partie de la limite gauche, le reste étant une paroi, il faut diviser le segment gauche en deux. Le premier segment sera associé à la limite entrée et le second à la limite paroi.
>
> ➤ identifier les zones de raffinement nécessaires et les modifications topologiques qui s'en suivent.

Exemple : pour un domaine rectangulaire, si on veut raffiner le maillage près de la paroi inférieure et avoir un maillage uniforme près de la paroi supérieure, il faut diviser le domaine en deux parties

➢ diviser les surfaces ou volumes en entités distinctes, permettant d'obtenir des rectangles (ou assimilés) en 2D et des parallélogrammes (ou assimilés) en 3D.

➢ repérer les points nécessaires à la construction de la géométrie.

Exemple : un cercle nécessite au moins 3 points de construction, une face, quatre segments (en structuré), etc.

Les étapes à suivre pour la construction de la géométrie sont relativement simples une fois la topologie bien définie:

➢ mise en place des points nécessaires à la construction. Cela concerne tous les points nécessaires aux segments, aux cercles, aux arcs, etc... (voir Geometry/Vertex) :

➢ mise en place des segments du domaine à partir des points définis précédemment (voir Geometry/ Edge) .

➢ mise en place des faces à partir des segments (voir Geometry/Face) .

➢ mise en place des volumes à partir des faces (voir Geometry/Volume).

La mise en place du maillage est plus délicate. Il convient parfois de revenir à la construction de la topologie pour obtenir un maillage plus correct et qui pourra être résolu numériquement (pas de saut de pas d'espaces trop importants par exemple) :

➢ on commence par définir le nombre de mailles sur chaque segment (voir Mesh/Edge). En structuré, le décalage d'une maille pouvant entraîner des erreurs importantes, il est donc préférable de définir le nombre de mailles plutôt que le pas d'espacement.

Exemple : pour mailler un carré en structuré à pas constant, on définit le même nombre de mailles sur les cotés gauche et droit, de même que sur les cotés inférieur et supérieur.

> les maillages surfaciques sont déduits des maillages linéiques. Un problème lors de la mise en place du maillage provient forcément d'une mauvaise définition du nombre de mailles sur les lignes ou de l'utilisation du logiciel [30].

III-4 - Présentation des logiciels Gambit et fluent :

III-4-1- Gambit :

Cette section contient une présentation succincte du logiciel Gambit ainsi qu'un exemple d'utilisation. Gambit est un logiciel permettant la construction de maillages structurés ou non. Il possède en outre de nombreuses possibilités d'extraction qui permettent l'utilisation de ses maillages par des logiciels comme par exemple Fluent. Lors de la création d'une session, Gambit crée quatre fichiers [31]:

> Un ficher d'extension « dbs » qui contient toutes les données de la session.

> Un fichier « jou », qui retrace l'historique de la session.

> Un ficher « trn », qui reprend toutes les commandes et leurs résultats lors des différentes sessions.

> Un ficher « lok ».

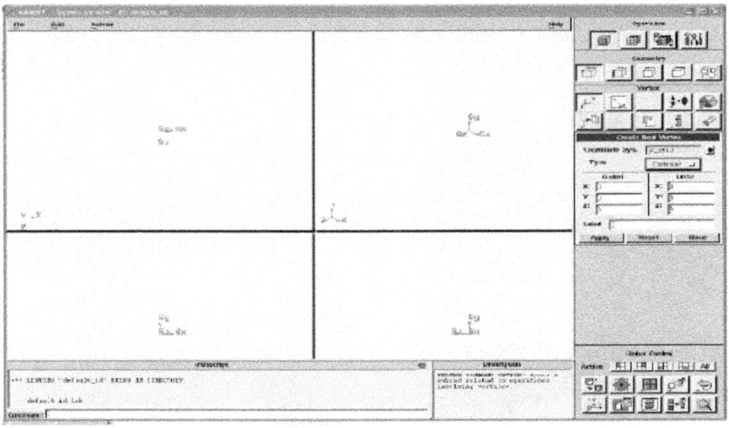

Figure III-2:Interface de gambit.

III-4-1-1-Commandes pour la construction de la géométrie :

Tableau III-1:Commandes pour la construction de la géométrie.

Symbole	Commande
	Point
	Segment
	Face
	Volume
	Group

a) Commandes d'un point :

Tableau III-2 Commandes d'un point.

Symboles	Commande	Description
	Créer point	Crée un point réel aux coordonnées spécifiées
	Glisser un point virtuel	Change la position d'un point virtuel au long d'un segment ou d'une face
	Connecter / séparer des points	Connecte des point réels ou virtuels / sépare des points qui sont communs à deux ou plus d'une entités.
	Modifier la couleur d'un point	Change la couleur d'un point
	Déplacer/Copier un point	Déplace et/ou copie des points
	Convertir des points	Convertit les points non réels en points réels
	Récapituler Contrôle des points Recherche de points	Affiche les informations d'un point
	Supprimer un point	Supprime un point réel ou virtuel

51

b) Commandes d'un segment :

Tableau III-3 Commandes d'un segment.

Symboles	Commande	Description
	Créer un segment	Crée un segment réel à partir de points existants
	Connecter / séparer des segments	Connecte des segment réels ou virtuels/ sépare des segments qui sont communs à deux ou plus d'une entités.
	Modifier la couleur d'un segment	Change la couleur d'un segment
	Déplacer/Copier un segment	Déplace et/ou copie des segments
	Split Edges Merge Edges	Fractionner des segments ou merger des segments
	Convertir des segments	Convertit les segments non réels en segments réels
	Récapituler Contrôle des segments Recherche de segments	Affiche les informations d'un segment
	Supprimer un segment	Supprime un segment réel ou virtuel

c) Commandes relatives à une face :

Tableau III-4:Commandes relatives à une face.

Symboles	Commande	Description
	Former une face	Crée une face réelle à partir de segments existants
	V. Créer une face	Créer une face à partir d'une forme primitive
	Opérations booléennes	Union, soustraction et intersection de faces
	Connecter / séparer des faces	Connecte des face réelles ou virtuelles/ sépare des faces qui sont communes à deux ou plus d'entités.
	Modifier la couleur d'une face	Change la couleur d'une face
	Déplacer/Copier une face	Déplace et/ou copie des faces
	Split faces Merge faces	Fractionner ou merger des faces
	Convertir des faces	Convertit les faces non réelles en faces réelles
	Récapituler Contrôler des faces Rechercher des faces	Affiche les informations d'une face
	Supprimer une face	Supprimer une face réelle ou virtuelle

d) Commandes relatives à un volume :

Tableau III-5:Commandes relatives à un volume.

Symboles	Commande	Description
	Former un volume	Crée un volume réel à partir de faces existantes
	VI. Créer un volume	Créer un volume à partir d'une forme primitive
	VII. Opérations booléennes	Union, soustraction et intersection de volumes
	Modifier la couleur d'un volume	Change la couleur d'un volume
	Déplacer/Copier un volume	Déplace et/ou copie des volumes
	Split volumes Merge volumes	Fractionner ou merger des volumes
	Convertir des volumes	Convertit les volumes non réels en volumes réels

	Récapituler Contrôler des volumes Rechercher des volumes	Affiche les informations d'un volume
	Supprimer un volume	Supprimer un volume réel ou virtuel

III-4-1- 2 : Menu maillage :

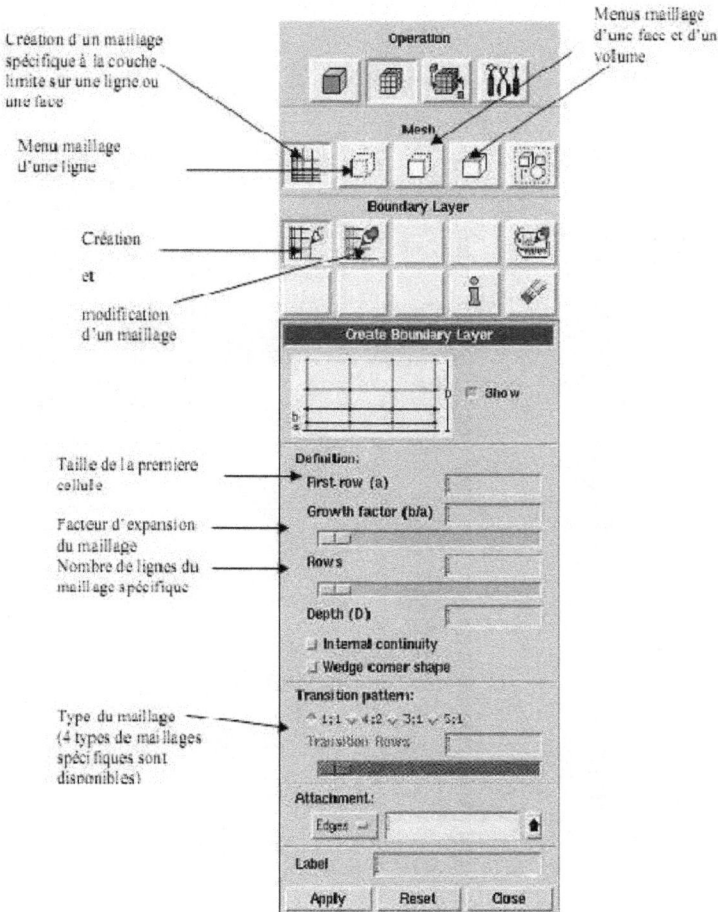

Création d'un maillage
spécifique à la couche
limite sur une ligne ou
une face

Menu maillage
d'une ligne

Création

et

modification
d'un maillage

Menus maillage
d'une face et d'un
volume

Taille de la première
cellule

Facteur d'expansion
du maillage
Nombre de lignes du
maillage spécifique

Type du maillage
(4 types de maillages
spécifiques sont
disponibles)

Figure III-3:Menu du Maillage spécifique pour la couche limite.

III-4-1- 2-a : Menu de maillage d'une ligne.

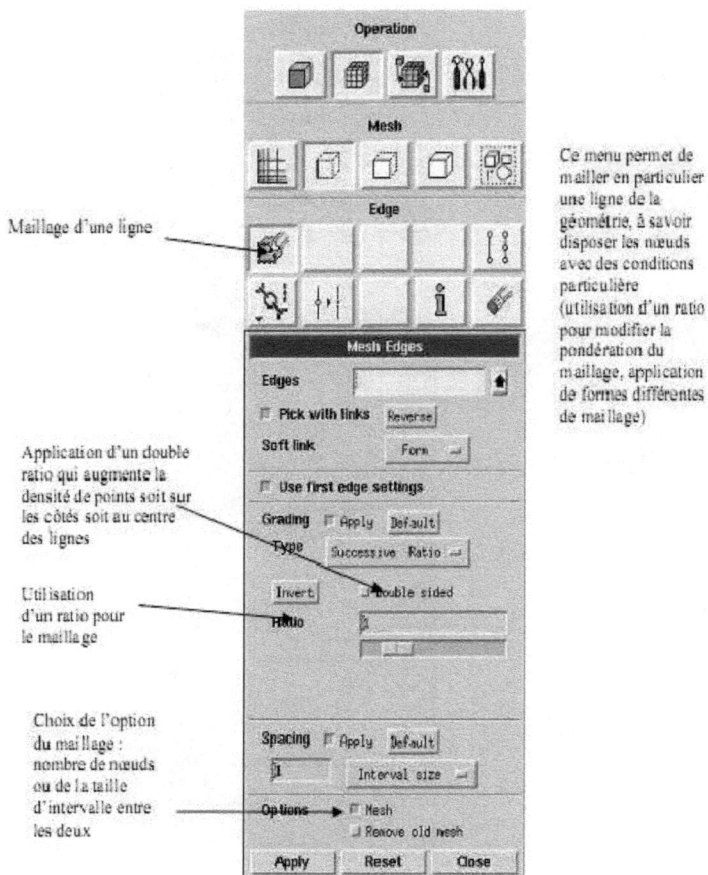

Figure III-4 : Menu de maillage d'une ligne.

Ce menu permet de mailler en particulier une ligne de la géométrie, à savoir disposer les nœuds avec des conditions particulières (utilisation d'un ratio pour modifier la pondération du maillage, application de formes différentes de maillage).

Il n'est pas nécessaire de mailler les arêtes avant de mailler le volume si on ne désire pas utiliser une pondération des nœuds sur les lignes. En effet, Gambit peut mailler un volume ou une face (en structuré ou en non structuré) avec un pas d'espace fixe pour l'ensemble de la géométrie [31].

III-4-1- 2-b : Maillage d'une face et d'un volume :

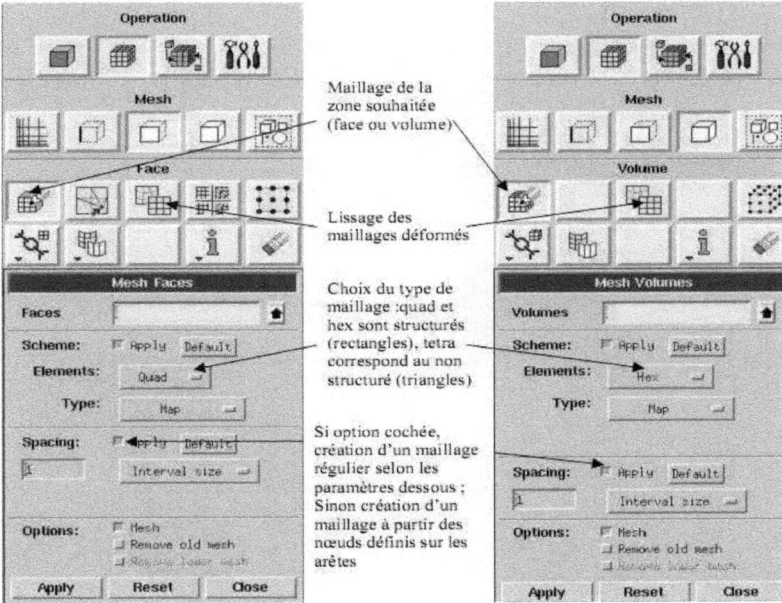

Figure III-5: Maillage d'une face et d'un volume.

Ces deux menus sont fondamentaux pour la création d'un maillage dans un domaine. On peut encore une fois procéder de deux façons : soit avoir un volume et le mailler régulièrement sans avoir maillé les arêtes (plus rapide mais impossible à maîtriser), soit utiliser le maillage défini sur les lignes pour mailler le volume (dans ce cas, bien vérifier que "apply" ne soit pas coché dans "spacing").

Il est possible que dans certaines géométries complexes, Gambit refuse de mailler un domaine en structuré. Dans ce cas, deux solutions sont possibles :

soit de mailler en non structuré, soit de définir des « sous-domaines » dans lesquelles la géométrie est assez cartésienne pour permettre un maillage structuré [32].

III-4-1-2-c : Conditions aux limites :

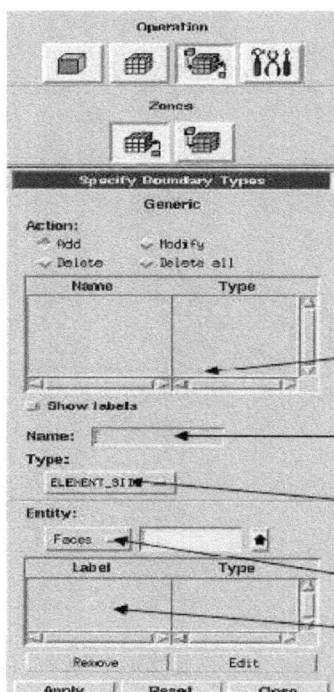

Figure III-6: Conditions aux limites.

Chaque face extérieure au domaine doit faire partie d'une limite pour que le maillage soit correct, sinon Gambit refusera de créer le fichier (msh) utilisable par Fluent. L'icône bleue renvoie à un menu similaire à celui-ci, mais qui concerne le ou les fluides présents à l'intérieur du domaine. Si seul un fluide est utilisé, il n'est pas nécessaire de le définir (Fluent le reconnaît directement). En revanche, s'il ya deux fluides ou plus il est conseillé de les définir séparément [33].

III-4-1- 2-d : Exportation du maillage de Gambit :

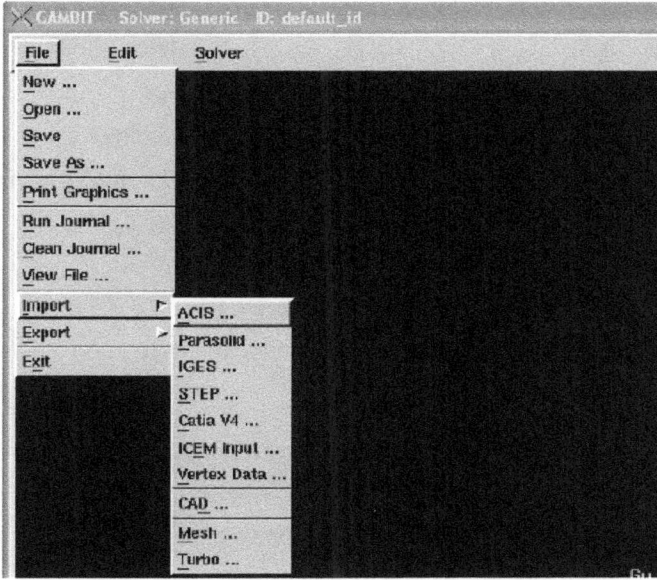

Figure III-7: Exportation du maillage de Gambit.

Une fois que la géométrie a été créée, que les conditions aux limites définies, il faut exporter le maillage en msh (msh = "mesh" : maillage en anglais) pour que Fluent soit capable de le lire et de l'utiliser. On peut ensuite fermer Gambit en sauvegardant la session (si on souhaite la réouvrir) et lancer Fluent.

III-4-2- Code Fluent :

Fluent est un programme informatique conçu pour la simulation des écoulements de fluide et du transfert de chaleur dans des géométries complexes. Il présente une grande flexibilité des résultats et une adaptation avec n'importe quel type de maillage. Il permet le raffinement du maillage en fonction des conditions aux limites, des dimensions et même des résultats déjà obtenus.

Fluent, écrit en langage C, emploie toute la flexibilité et la puissance qu'offre ce langage. Il utilise l'architecture « serveur client » nécessaire au calcul parallèle sur plusieurs machines. Fluent dispose d'un outil de graphisme pour l'affichage des résultats et leur exploitation.

On peut aussi exporter les résultats vers un autre logiciel de graphisme, et l'option UDF permet de résoudre des équations additionnelles ou des termes sources additionnelles définis par l'utilisateur [33].

-Interface du code Fluent :

On peut démarrer 4 versions de Fluent **2D, 3D, 2DDP, 3DDP** ayant la même interface figure (III-8) :

Figure III-8 : Choix de la version.

> **2D** (**2 D**imensions).

> **2DDP** (**2 D**imensions **D**ouble **P**récision).

> **3D** (**3 D**imensions).

> **3DDP** (**3 D**imensions **D**ouble **P**récision).

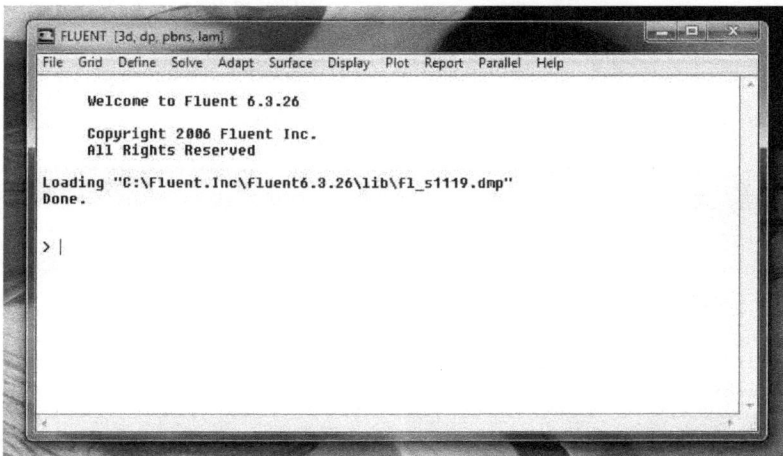

Figure III-9:Vue globale de FLUENT.

Les fonctions figure (III-9) disponibles pour la procédure numérique sont:

File: pour les opérations concernant les fichiers: lecture, sauvegarde, importation etc....

Grid : pour la vérification et la manipulation du maillage ainsi que la géométrie.

Define : pour définir les phénomènes physiques, les matériaux et les conditions aux limites.

Solve : pour choisir les équations à résoudre, les schémas de discrétisations, les facteurs de sous relaxation, les critères de convergence et pour initialiser et procéder au calcul.

Adapt : pour l'adaptation du maillage selon plusieurs paramètres.

Surface: pour créer des points, des lignes et des plans nécessaires à l'affichage des résultats.

Display et **plot**: pour l'exploitation des résultats.

Report : pour afficher des rapports contenant les détails du problème traité.

Parallel : pour le calcul parallèle.

Help : pour l'exploitation du contenu du code.

61

III-4-2-1- Les étapes utilisées par fluent :

La première chose à faire quand vous ouvrez ou importez un maillage (fichier.msh), et ce en suivant la procédure suivante : **File, Read, Case…**

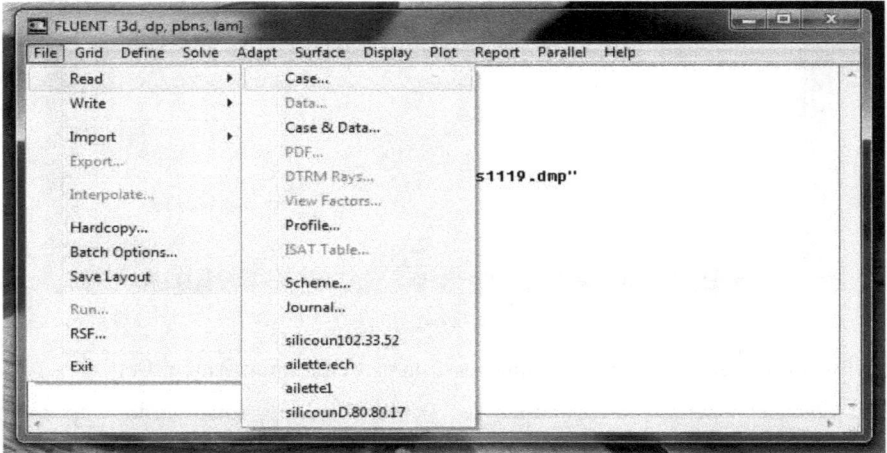

Figure III-10:Importation de la géométrie.

III-5- Procédure de résolution :

Ensuite l'utilisation de Fluent est simple, il suffit de suivre l'ordre des menus en partant de la gauche pour aller vers la droite.

> ➢ **Etape 01 :** Le premier menu que nous allons considérer est le menu « **GRID** ».

a) La première chose à faire est d'utiliser l'option « **check** » afin de vérifier si le maillage importé comporte des anomalies comme des problèmes de jointure entre les différentes surfaces du maillage.

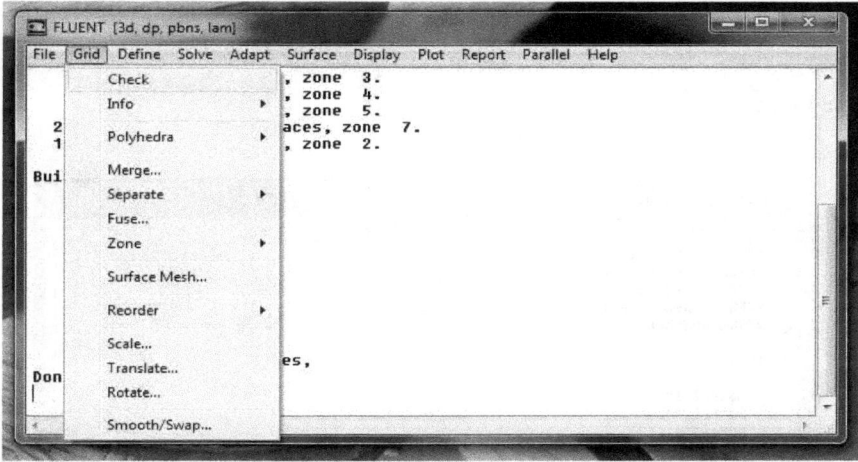

Figure III-11 : Etape 01(a).

b) utiliser l'option « **scale** » : ce choix est très important car souvent suivant les dimensions du domaine, les phénomènes mis en jeu ne sont pas les mêmes.

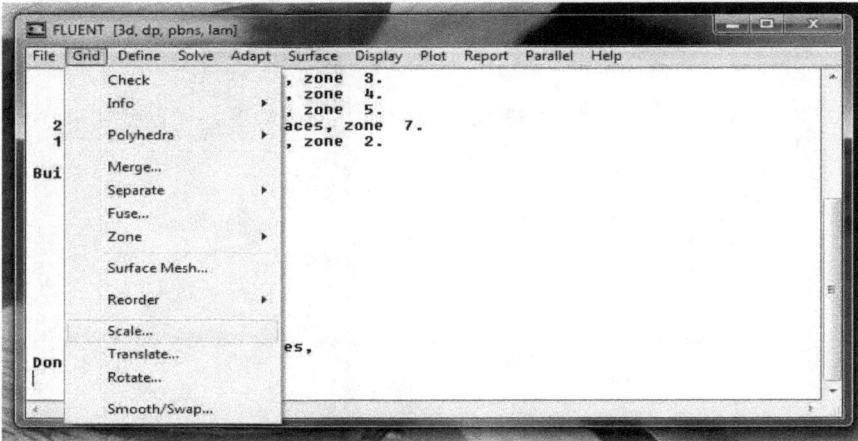

Figure III-12 : Le choix de l'unité de mesure.

c) il est possible de vérifier tout de suite la forme de la grille en cliquant sur «
Display Grid » : On peut de cette façon vérifier que la géométrie correspond bien à
ce que l'on veut [32].

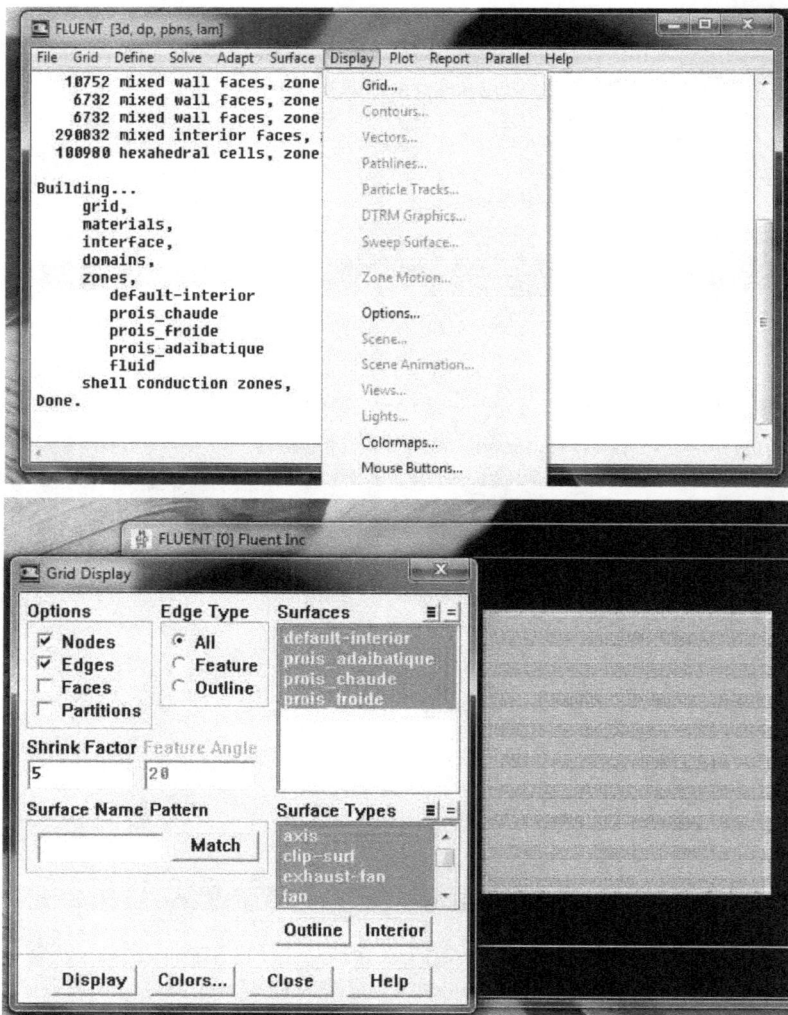

Figure III-13:Vérification d'un maillage.

> **Etape 02 :** on utilise le menu «**Define**» :

a) Nous trouvons l'option « **Models** »qui se décompose aussi en un autre menu :

Solver : permet de choisir le type de "solver" qu'on souhaite utiliser (implicite, explicite, stationnaire, 2D, incompressible,…).

Energy : permet de choisir si oui ou non on doit faire intervenir l'équation de l'énergie dans la résolution du système (dès qu'un gradient de température intervient dans les phénomènes, il faut utiliser cette équation pour observer une solution réaliste).

Viscous : permet de choisir le modèle de turbulence que l'on va prendre pour résoudre le problème (laminaire, k-ε, k-ω, LES…).

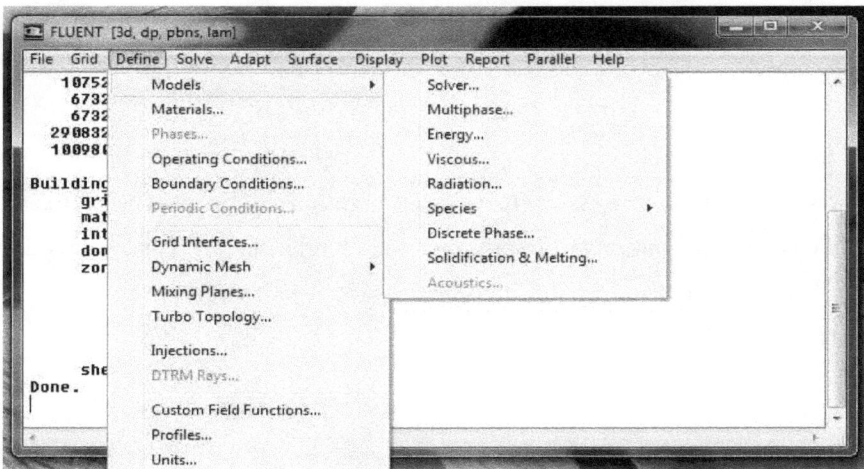

Figure III-14:le menu «Define ».

b) Ensuite le sous menu « **Materials** » qui permet de choisir le fluide qui va être considéré dans le cas de l'étude. Si vous avez affaire à un problème de convection naturelle ne pas choisir la densité du fluide comme constante mais dire qu'elle évolue selon l'hypothèse de **Boussinesq.**

65

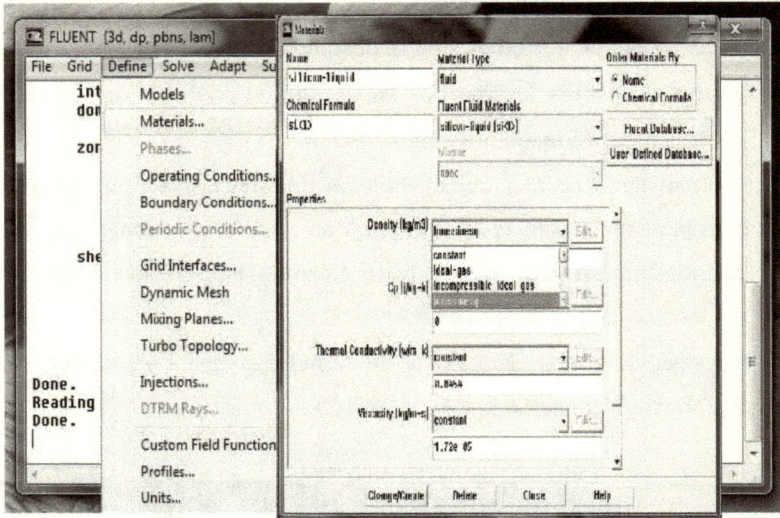

Figure III-15: Le choix des fluides.

c) Le sous-menu suivant est « **Operating Conditions** » qui permet de fixer les conditions de fonctionnement (gravité, pression de référence…). Dans le cas d'une étude de convection naturelle, il faut cocher l'option   « **Gravity** » et entrer la valeur (-9.81) sur l'axe Y.

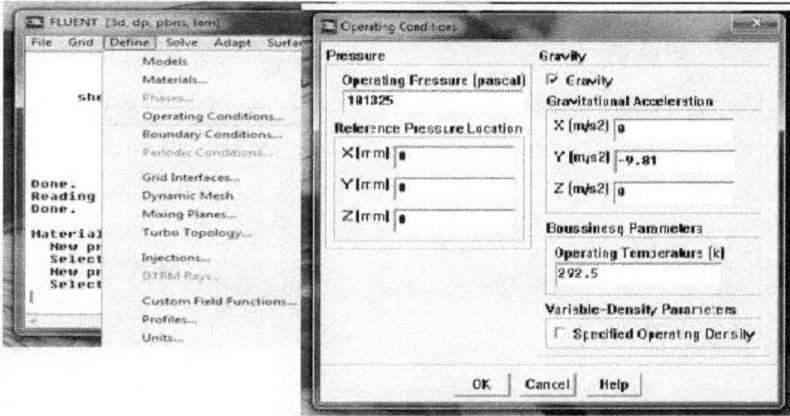

Figure III-16 : Les conditions de fonctionnement.

d) Le dernier sous-menu utile est « **Boundary Conditions** » qui sert à fixer les conditions aux limites du problème. On a précédemment vu que les limites physiques sont déjà introduites sous Gambit, cependant on doit les expliciter et leur donner une valeur sous Fluent (ceci montre que même si l'on a fait une erreur de condition sous Gambit, on peut encore la corriger sous Fluent). Pour une entrée de fluide, on fixe la vitesse. Pour une paroi, on peut fixer soit un flux constant, soit une température constante [32].

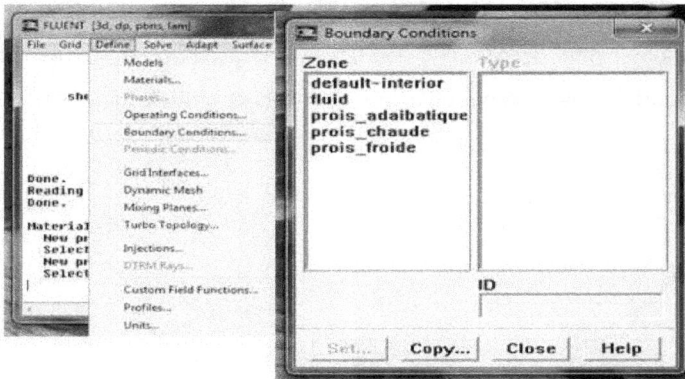

Figure III-17: Conditions aux limites.

> **Etape 03 :**

a) le menu « **SOLVE** » : le premier sous-menu est le menu « **Controls** » qui comprend tout d'abord l'option **solution :** C'est grâce à cette option que l'on va pouvoir entrer les différents facteurs de sous-relaxation du système : pression, température, etc...Ces facteurs peuvent être modifiés au cours de la résolution.

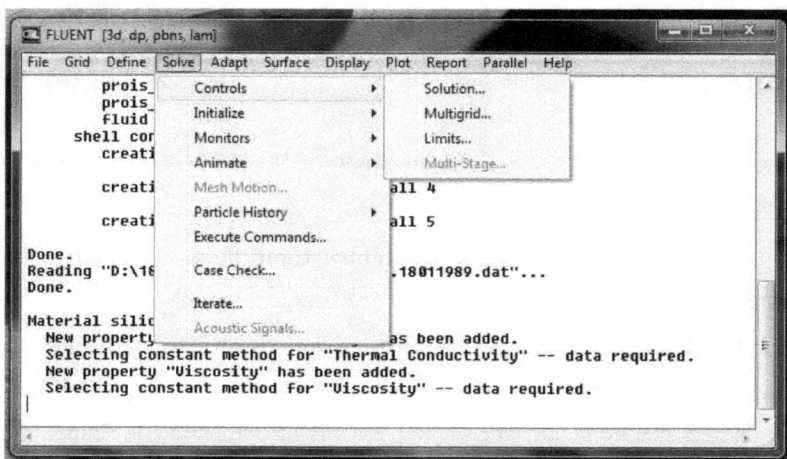

Figure III-18: Etape 03(a).

b) l'autre sous-menu de **SOLVE** est **Initialize :** ce menu permet de fixer les conditions initiales du système telles que les vitesses initiales suivant (x, y et z) par exemple, ainsi que la température du fluide.

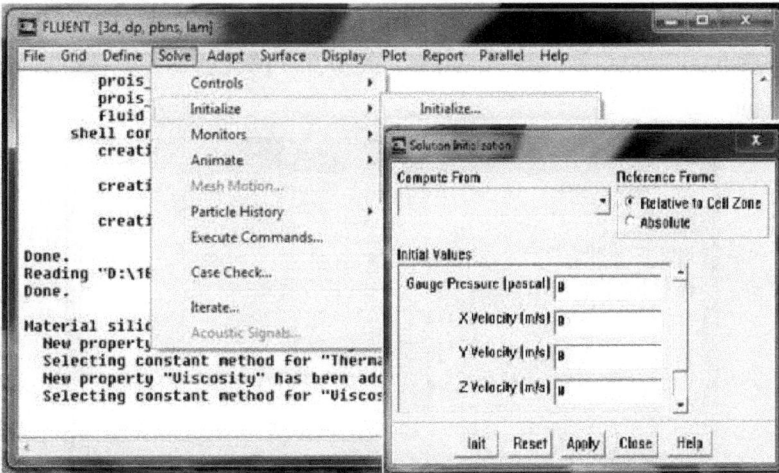

Figure III-19:Etape 03(b).

c) Le menu suivant « **Monitors** » : l'option qu'il contient et qu'il faut bien utiliser est l'option «**residual** », dans cette option il faut d'abord cocher **plot** afin d'afficher graphiquement l'évolution des résidus en fonction des itérations successives.

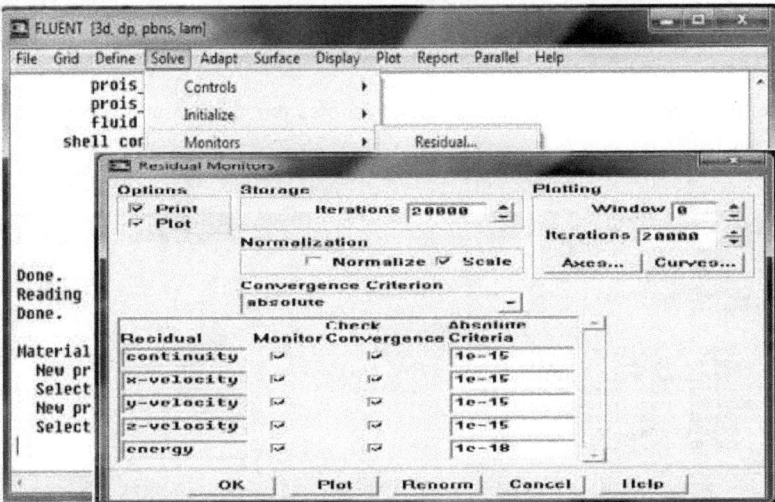

Figure III-20:Etape 03(c).

69

d) Lancer les calculs en choisissant le sous-menu « **Iterate** » et de choisir encore une fois le nombre d'itération maximum que l'on se fixe pour souhaiter que les résultats convergent.

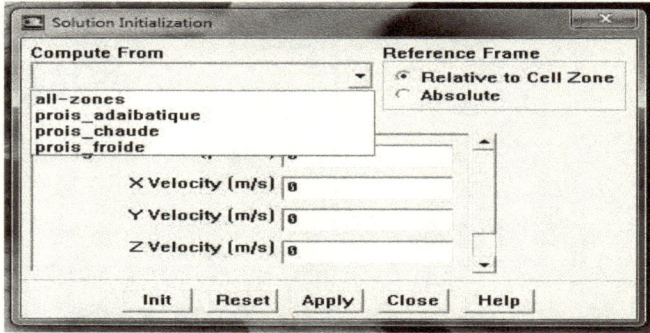

Figure III-21:Etape 03 (d).

➢ **Etape 04 :** On utilise le menu **« DISPLAY »**.

a) Le menu **« contours »** : on observe les variations des variables (vitesse, température…) avec les iso-surfaces.

b) le menu **« vectors »** : les valeurs sont traduites par des vecteurs, ceci est surtout utile pour la visualisation des vecteur de vitesse.

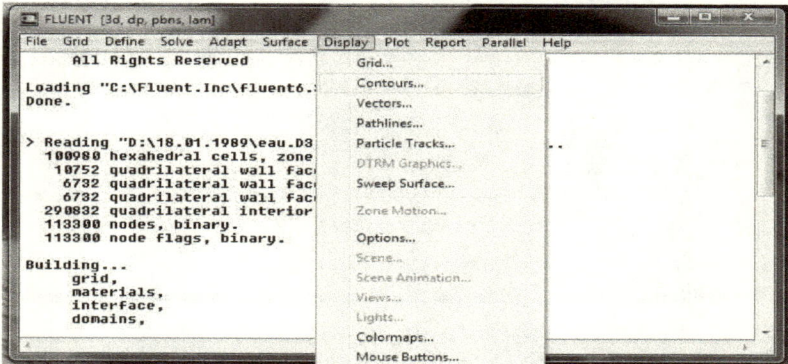

Figure III-22 :Etape 04(a et b).

Enfin enregistrer le fichier (fichier.cas) par **file, write, cas** [34].

Dans les figures (III-23) et (III-24) on présente des exemples de résultats obtenus (respectivement champs de température et de vitesse) pour la géométrie étudiée dans ce mémoire (convection naturelle dans une enceinte rectangulaire verticale avec effet de thermosiphon).

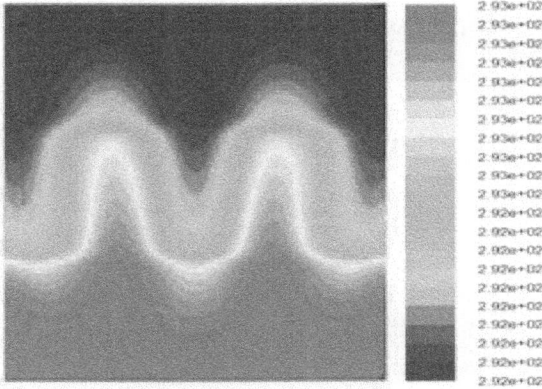

Figure III-23:Exemple d'un champ de température.

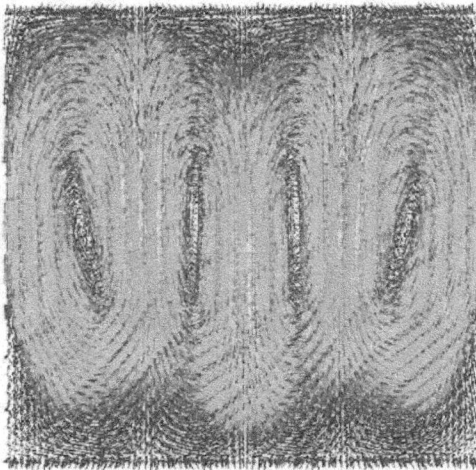

Figure III- 24: Exemple d'un champ de vitesse.

71

III-6- Conclusion :

Une résolution numérique bidimensionnelle ou tridimensionnelle des équations de conservation de masse, de quantité de mouvement et d'énergie a été mise en œuvre pour simuler la géométrie qu'on se propose d'étudier. La résolution est effectuée par le code CFD « FLUENT », basé sur la méthode des volumes finis. Les résultats obtenus par ce code sont présentés dans le chapitre suivant.

Chapitre IV : Résultats et discussion

IV-1- Introduction :

Dans ce chapitre, nous exposons les résultats de simulation obtenus à l'aide du code CFD « FLUENT » et le mailleur Gambit.

En premier lieu, nous présentons une optimisation du maillage dans le but de bien choisir le maillage convenable à notre étude. Les résultats seront ainsi validés par comparaison avec ceux obtenus par d'autres auteurs. L'évolution des résidus sera présentée pour s'assurer de la convergence de la solution.

Dans notre cas, nous présentons les champs de température et de vitesse le long de la paroi verticale. Les variations du Flux et Nusselt moyens pour différents fluides de travail sont également illustrées dans cette étude.

IV-2- Optimisation du maillage :

IV-2-a- Maillage non raffiné (50*50*5) :

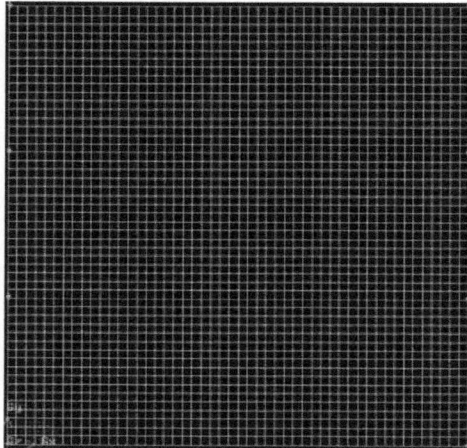

*Figure IV- 1: Maillage de la cavité (50*50*5).*

Les résultats obtenus pour ce maillage sont présentés ci-dessous:

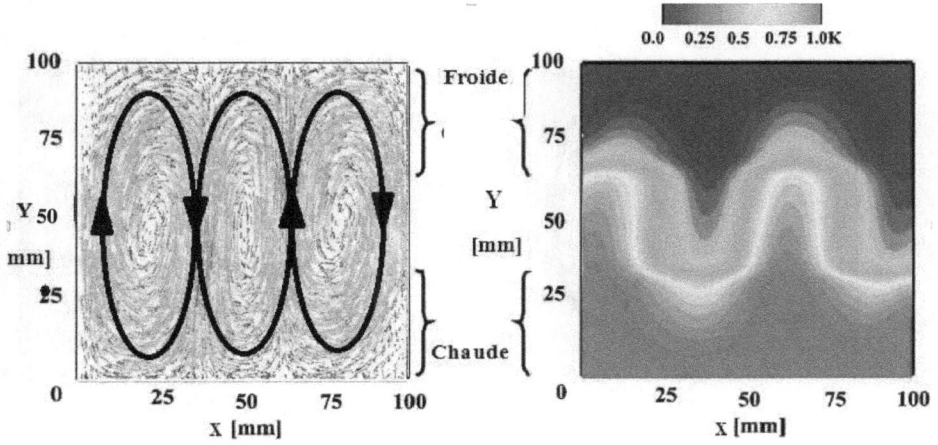

Figure IV-2:Champs de vitesse et de température pour le maillage (50*50*5).

IV-2-b- Maillage non raffiné (70*70*15) :

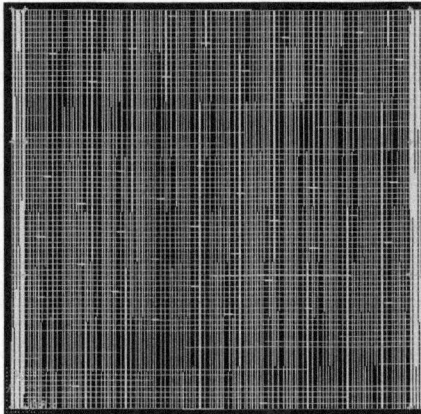

Figure IV- 3:Maillage de la cavité (70*70*15).

Les résultats obtenus pour ce maillage sont comme suit :

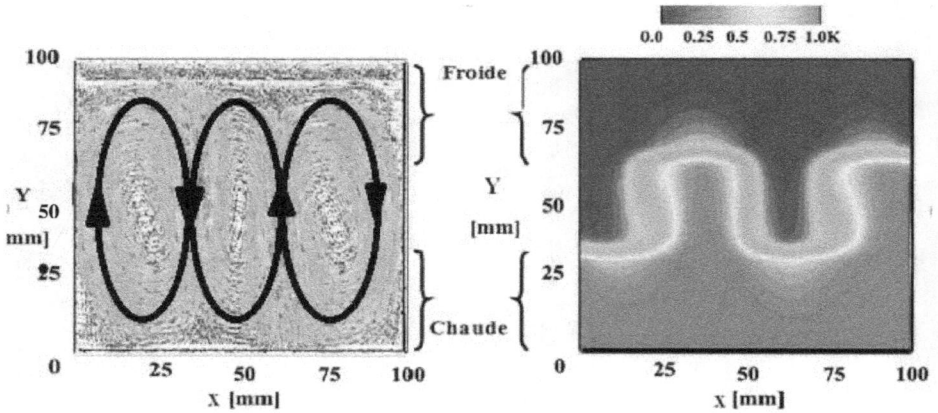

Figure IV -4:Champs de vitesse et de température pour le maillage (70*70*15).

IV-2-c- Maillage raffiné (100*100*10) :

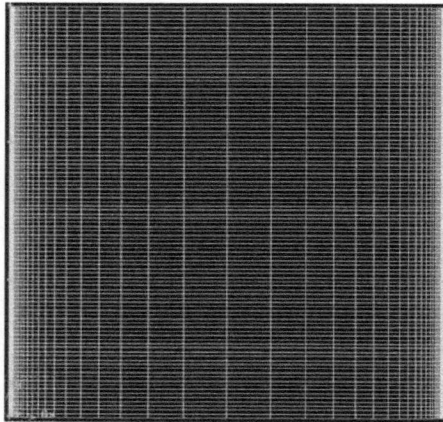

Figure IV -5:Maillage raffiné de la cavité (100*100*10).

Les résultats obtenus pour ce maillage sont présentés ci-dessous :

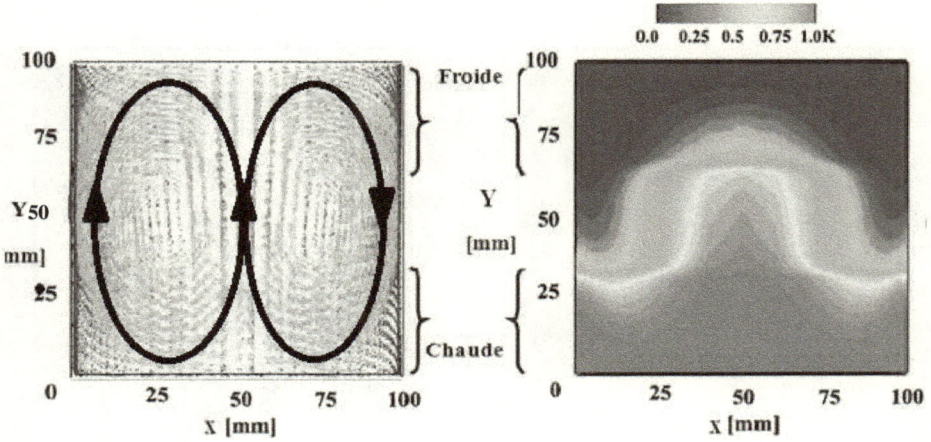

Figure IV -6:Champs de vitesse et de température pour le maillage (100*100*10).

IV-2-d- Maillage non raffiné (80*80*17) :

Figure IV -7:Maillage de la cavité (80*80*17).

Les résultats obtenus pour ce maillage sont comme suit :

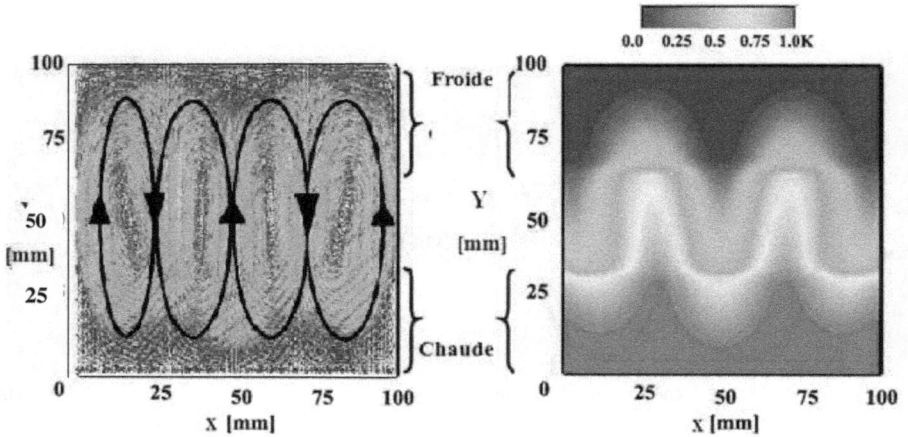

Figure IV- 8:Champs de vitesse et de température pour le maillage (80*80*17).

IV-2-f- Maillage sa non raffiné (100*100*17) :

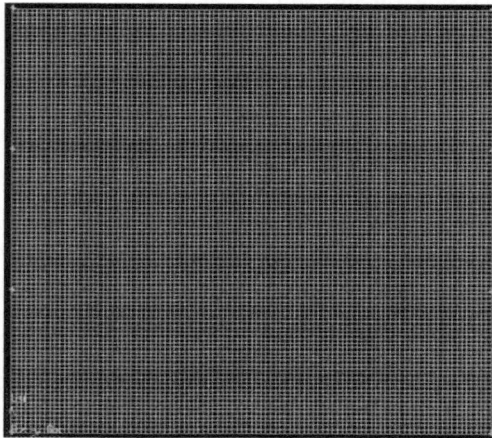

Figure IV- 9:Maillage de la cavité (100*100*17).

Les résultats obtenus pour ce maillage sont exposés ci-dessous :

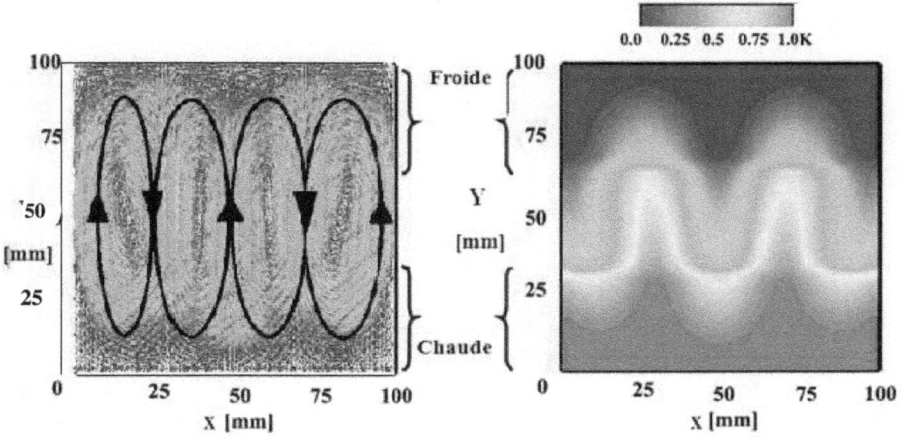

Figure IV- 10:Champs de vitesse et de température pour le maillage (100*100*17).

IV-2-j- Maillage non raffiné (120*120*17) :

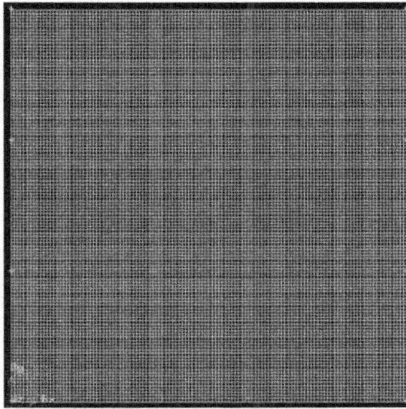

Figure IV- 10:Maillage de la cavité (120*120*17).

Les résultats obtenus pour ce maillage sont les suivants:

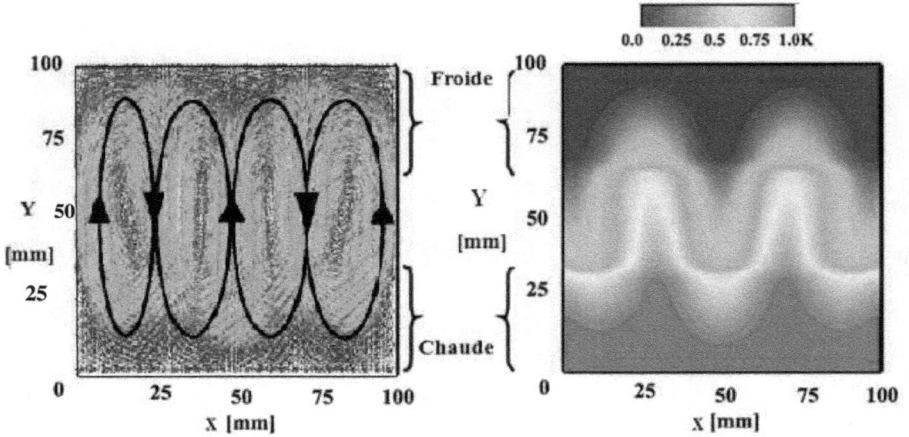

Figure IV- 11:Champs de vitesse et de température pour le maillage (120*120*17).

D'après ces résultats, on a constaté qu'à partir du maillage (80*80*17), les champs de vitesses et de température ne varient plus avec le maillage, donc on va mener nos simulations avec ce maillage pour les toutes les simulations dont les résultats sont exposés dans ce qui suit.

IV-3- Validation :

Afin d'élaborer une comparaison des résultats obtenus par nos simulations numériques avec ceux expérimentaux ou numériques disponibles dans la littérature et de proposer des interprétations aux phénomènes observés, il est utile de valider au préalable notre procédure de simulation numérique en utilisant le code Fluent.

IV-3-1- Première validation :

Dans le présent travail, les résultats de l'article de I. Ishihara et al. [25] ont été utilisés. Pour cela, on a considéré les mêmes conditions (fluide de convection: huile silicone, cavité rectangulaire de dimensions (100mm*100mm*5mm), régime laminaire, $\Delta T=1K$, $Pr = 212$ et $Ra = 1,95*10^5$) que I. Ishihara et al. [25] qui ont obtenus des résultats numériques (figure IV-12-a) et expérimentaux (figure IV-12-c).

(a)   (b)

(c)   (d)

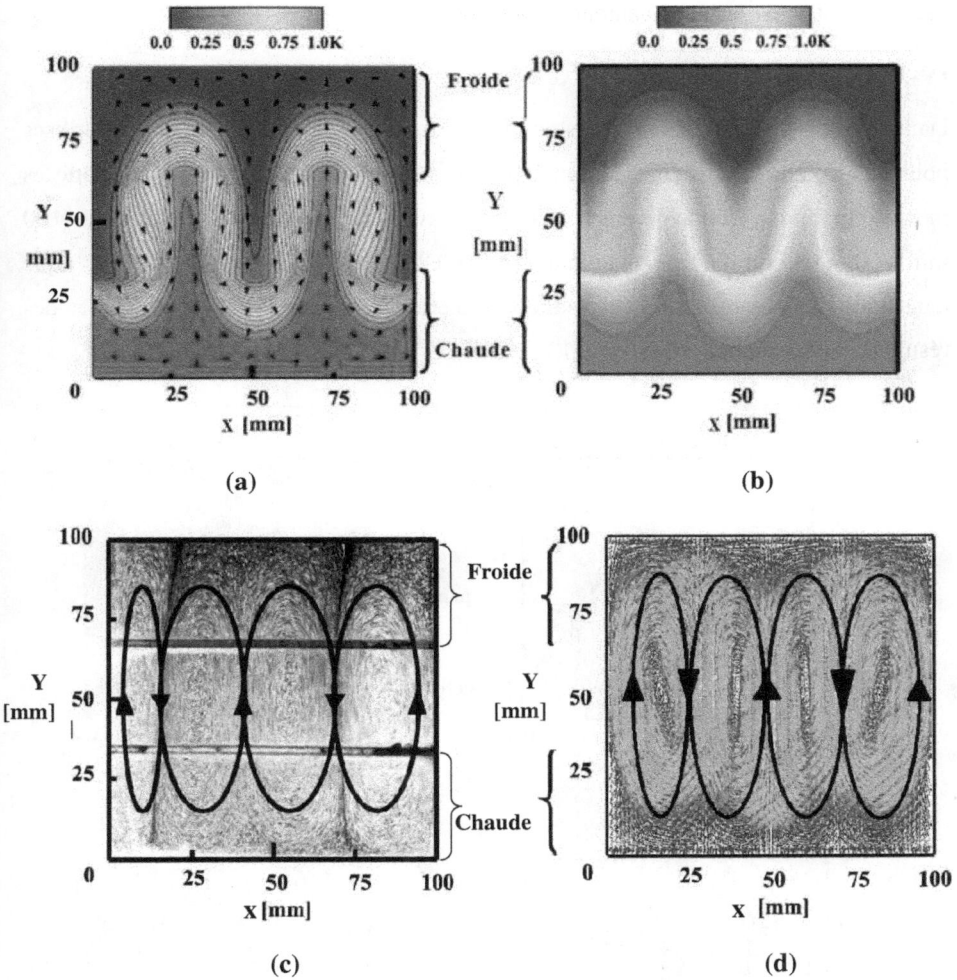

Figure IV- 12:Comparaison des résultats pour Pr = 212 et Ra = 1,95*10⁵

(b), (d) présente étude. (a),(c) résultats de I, Ishihara et al. [25].

Les figures (IV-12-a) et (IV-12-b), (IV-12-c) et (IV-12-d) représentent respectivement la comparaison des champs de température et de vitesse pour Pr = 212 et Ra =

1,95*10^5. D'après ces figures, on remarque que nos résultats sont presque identiques à ceux présentés par les autres auteurs [25].

IV-3-2- Deuxième validation:

Dans le présent travail, les résultats de I. Ishihara et al. [56] ont été également utilisés pour valider notre procédure de simulation numérique. Pour cela, on a considéré les mêmes conditions (fluide de convection: eau, cavité rectangulaire de dimensions (100 mm*100 mm*5 mm), régime laminaire, ΔT = 0.2 K, Pr = 7,026 et Ra = 5,05*10^5) que dans [56] qui ont obtenus des résultats numériques (figure IV-13(a) et (c)) et des résultats expérimentaux (figure IV-13-(e)).

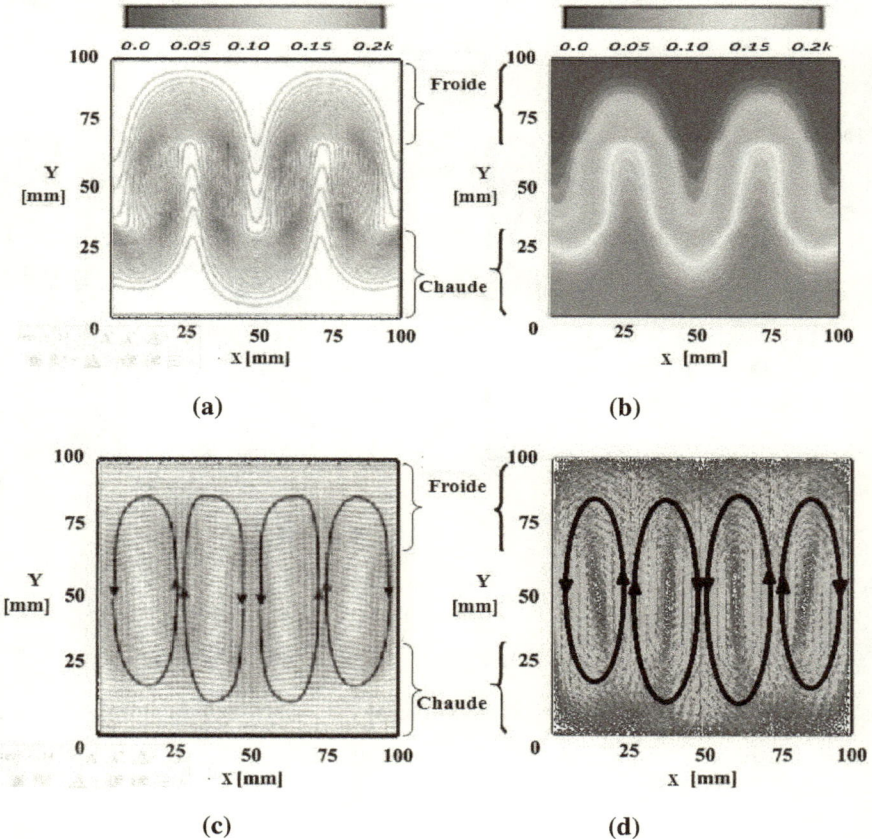

(a)   (b)

(c)   (d)

82

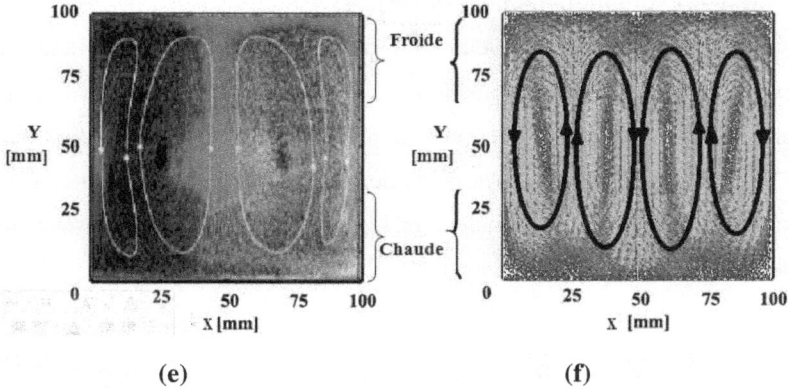

(e)   (f)

Figure IV-13:Comparaison des résultats pour Pr = 7,026 et Ra = 5,05*10^5.
(b),(d), (f) : présente étude. (a),(c),(e) : résultats de I. Ishihara et al.[56].

D'après ces figures, on remarque que nos résultats sont en bon accord qualitatif avec ceux présentés dans [56]. Donc notre procédure de simulation numérique a été validée deux fois par comparaison avec les résultats expérimentaux et numériques de travaux contenus dans deux références différentes.

IV-4- Cavité sans ailette :

Dans la figure (IV-14) on montre le maillage optimal utilisé qui est composé de (80*80*17) sans raffinement au niveau des parois.

Figure IV-14:Maillage de la cavité sans ailette.

83

IV-4-1-Influence du fluide (nombre de Prandtl) :

Pour voir l'influence du nombre de Prandtl, on a comparé le mercure, l'huile silicone et l'eau pour les mêmes dimensions de la cavité (100m*100 mm*5 mm) et la même différence de température (ΔT=1 K) avec le plexiglas comme matériau pour les parois solides. A partir des champs de vitesse et de température obtenus (figures IV-15-16-17), on a calculé les flux de chaleur et les nombre de Nusselt moyens qui sont présentés dans le tableau (IV-1).

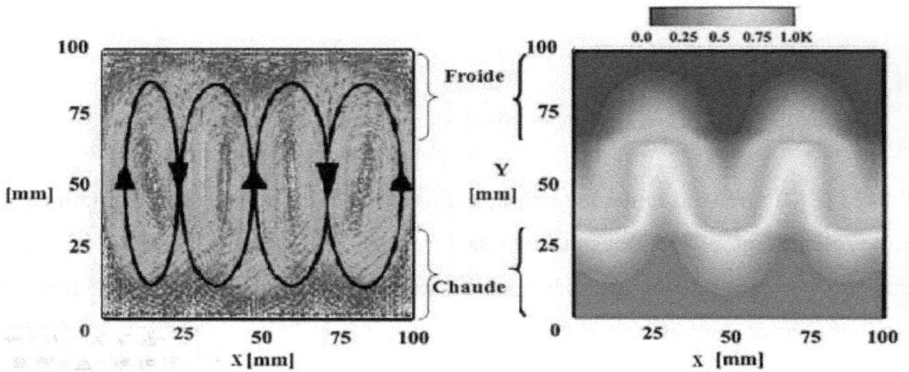

*Figure IV-15:Champs de vitesse et de température pour l'huile silicone. Cavité de dimensions (100 mm*100 mm*5 mm) et $\Delta T = 1$ K.*

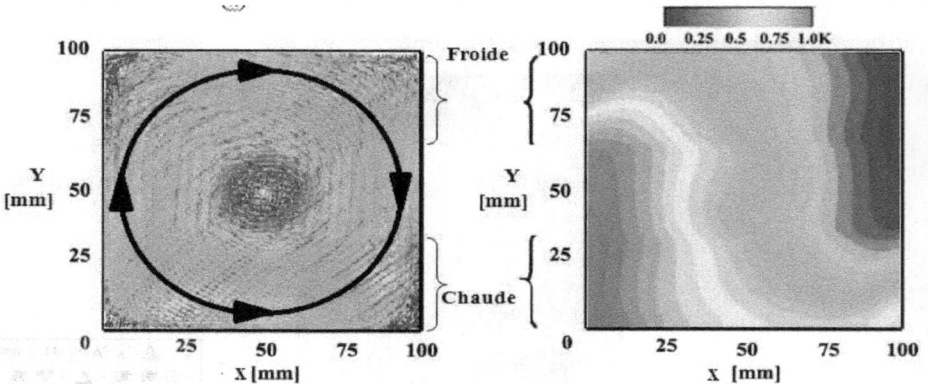

*Figure IV-16:Champs de vitesse et de température pour mercure. Cavité de dimensions (100 mm*100 mm*5 mm) et $\Delta T = 1$ K.*

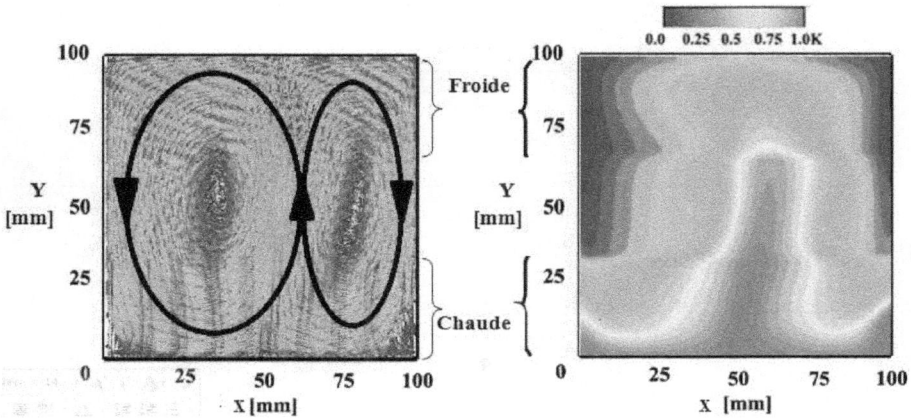

Figure IV- 17:Champs de vitesse et de température pour l'eau.
Cavité de dimensions (100 mm*100 mm*5 mm) et ΔT = 1 K.

Le tableau (IV-1) représente des valeurs comparatives de différents fluides (huile silicone, eau et mercure) pour les mêmes dimensions de la cavité et la même différence de température appliquée. On peut remarquer que le mercure permet d'avoir la plus grande densité de flux thermique suivi d'eau alors que l'huile silicone est le fluide pour lequel la densité de flux thermique est la plus petite, et la valeur de Nusselt moyens est propotionnal avec le nombre de Rayleigh.

Tableau IV- 1 :Nombre de Nusselt et densité de flux moyen pour différents fluides.
Cavité de dimensions (100 mm*100 mm*5 mm) et ΔT = 1 K.

Fluide	Huile Silicone	Eau	Mercure
Ra	$1,95*10^5$	$5,05*10^5$	$1,23*10^5$
Pr	212	7,026	0,024
Nu_c	5.0911021	13.777794	1.7790391
Nu_f	11.07215	13.871934	1.166152
φ_c (W/m²)	0,9656861	2,160516	5,130282

85

φ_f (W/m^2)	-1,108493	-1,30868	-4,922666
Φ_c (W)	$3,218*10^{-3}$	$7,2*10^{-3}$	$1,709*10^{-2}$
Φ_f (W)	$-3,694*10^{-3}$	$-4,36*10^{-3}$	$-1,64*10^{-2}$

IV-5-Cavité avec ailette :

Dans ce qui va suit on va considérer le cas de cavité avec une paroi verticale ailettée. L'ailette faisant office d'élément de contrôle qui permet d'augmenter les taux de transferts de chaleur. Dans la figure ci-dessous, on montre le maillage utilisé pour mener les simulations numériques.

Figure IV-18:Maillage de la cavité avec la paroi adiabatique ailettée.

IV-5-1-Influence de la position (H_a) de l'ailette et du fluide (nombre de Prandtl):

Dans les figures suivantes on expose les champs de vitesse et de température obtenus dans la cavité avec une ailette ayant une longueur $L_a = 50$ mm et dont on change la position pour voir son influence sur la distribution de température et de vitesse ainsi que sur les flux de chaleur.

IV-5-1-a- la cavité avec la partie chaude ailettée (position H_a = 16 mm) :

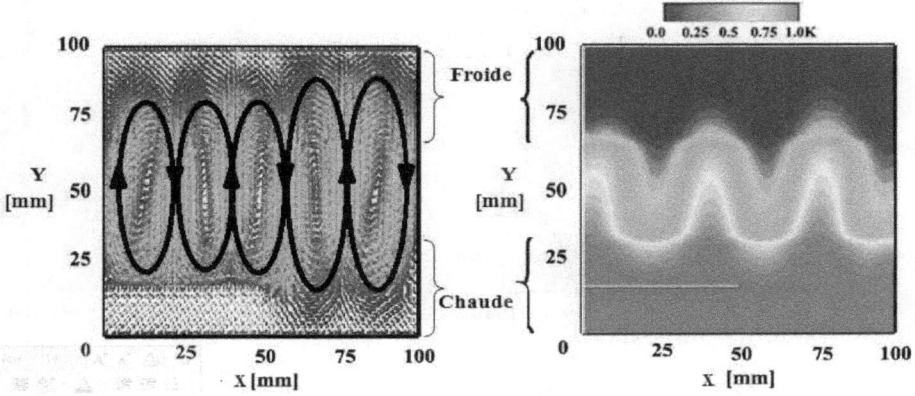

Figure IV-19:Champs de vitesse et de température pour l'huile silicone. Cavité avec la partie chaude ailettée.

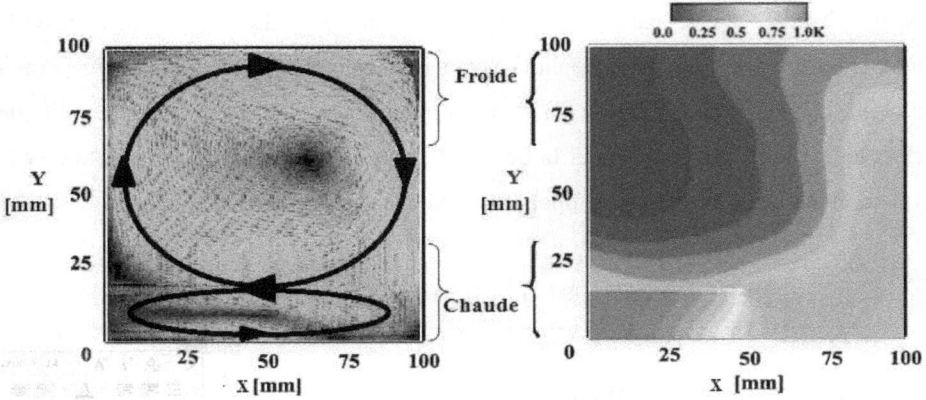

Figure IV- 20:Champs de vitesse et de température pour le mercure. Cavité avec la partie chaude ailettée.

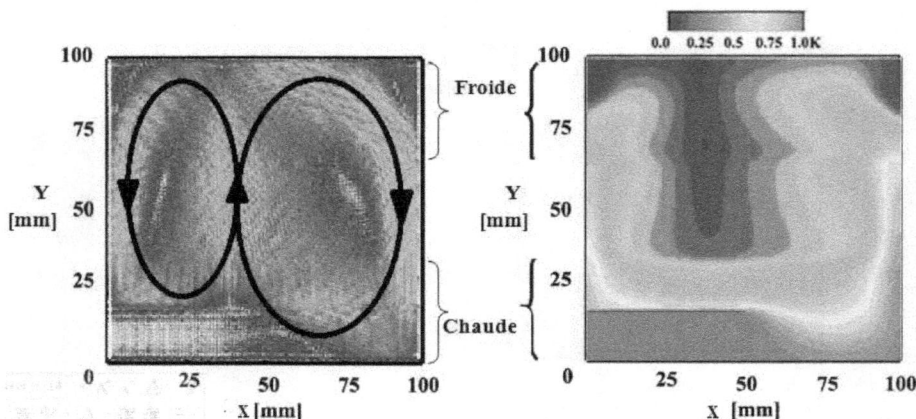

Figure IV- 21:Champs de vitesse et de température pour l'eau. Cavité avec la partie chaude ailettée.

Le tableau (IV-2) représente les résultats numériques obtenus pour les différents fluides (huile silicone, eau et mercure) pour les mêmes dimensions de la cavité avec la partie chaude de la paroi verticale qui est ailettée. La même différence de température été également appliquée. On peut remarquer que le mercure permet d'avoir la plus grande densité de flux thermique suivi de l'eau alors que l'huile silicone est le fluide pour lequel la densité de flux thermique est la plus petite, et la valeur de Nusselt moyens est propotionnal avec le nombre de Rayleigh.

Tableau IV- 2:Nombre de Nusselt et densité de flux moyens pour les différents fluides. Cavité avec la partie chaude ailettée.

Fluide	Huile Silicone	Eau	mercure
Ra	$1,95*10^5$	$5,05*10^5$	$1,23*10^5$
Pr	212	7,026	0,024
Nu_c	10,20379	13,849859	7,4525
Nu_f	10,04099	22,9683	3,9193
φ_c (W/m^2)	4,134253	6,323273	8,4659853

φ_f (W/m^2)	-4,033134	-5,1031241	-11,716762
Φ_c (W)	$1,3779*10^{-2}$	$2,107*10^{-2}$	$2,8217*10^{-2}$
Φ_f (W)	$-1,344*10^{-2}$	$-1,7*10^{-2}$	$-3,9*10^{-2}$

IV-5-1-b- Cavité avec la partie adiabatique ailettée (position H_a = 49 mm) :

Dans ce qui suit, on va présenter les résultats obtenus pour le cas d'une cavité avec une des parois verticales qui est ailettée au niveau de sa partie adiabatique.

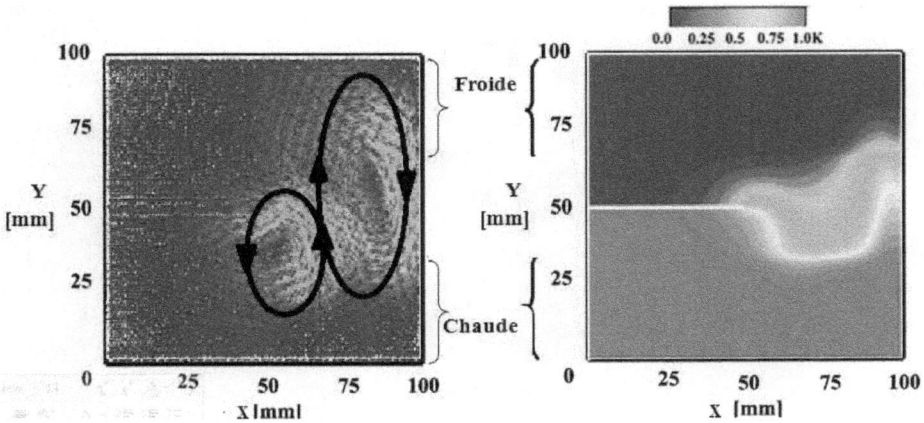

Figure IV- 22:Champs de vitesse et de température pour l'huile Silicone. Cavité avec la partie adiabatique ailettée.

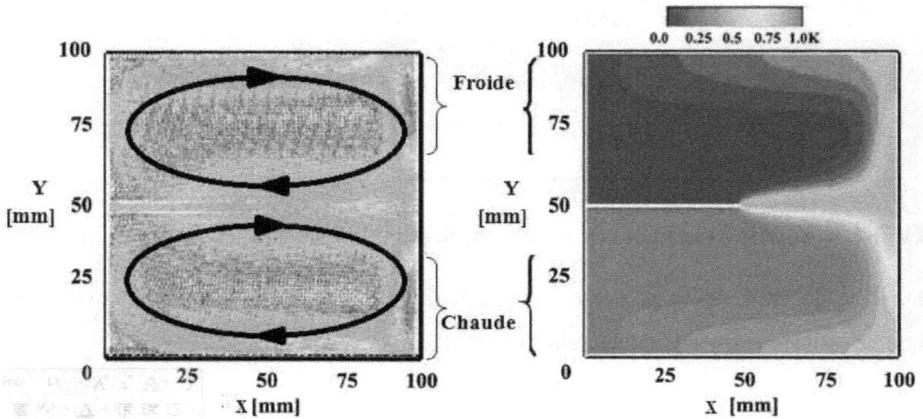

Figure IV- 23:Champs de vitesse et de température pour le mercure. Cavité avec la partie adiabatique ailettée.

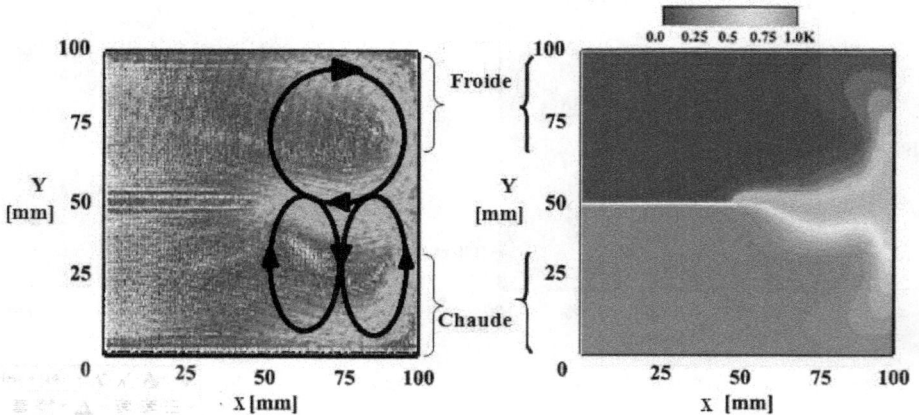

Figure IV- 24:Champs de vitesse et de température pour l'eau. Cavité avec la partie adiabatique ailettée.

Le tableau (IV-3) présente les résultats obtenus pour différents fluides (huile Silicone, eau et mercure) pour les mêmes dimensions de la cavité avec la partie adiabatique qui est ailettée. La même différence de température ayant été appliquée. On peut remarquer que le mercure permet d'avoir la plus grande densité de flux thermique suivi d'eau alors que l'huile Silicone est le fluide pour lequel la densité de flux thermique est la plus petite, et la valeur de Nusselt moyens est propotionnal avec le nombre de Rayleigh.

Tableau IV- 3: Nombre de Nusselt et densité de flux moyens pour différents fluides. Cavité avec la partie adiabatique ailettée.

Fluide	Huile Silicone	Eau	mercure
Ra	$1,95*10^5$	$5,05*10^5$	$1,23*10^5$
Pr	212	7,026	0,024
Nu_c	2, 478	3,2843	2,129
Nu_f	2,153452	3.224	1,1774
φ_c (W/m^2)	1,4087216	2,9447527	6,605097
φ_f (W/m^2)	-1,450031	-2,902504	-5,247843
Φ_c (W)	$4,6952*10^{-3}$	$9,8148*10^{-3}$	$2,20*10^{-2}$
Φ_f (W)	$-4,8329*10^{-3}$	$-9,674*10^{-3}$	$-1,75*10^{-2}$

IV-5-1-c- Cavité avec la partie froide ailettée (position $H_a = 82$ mm) :

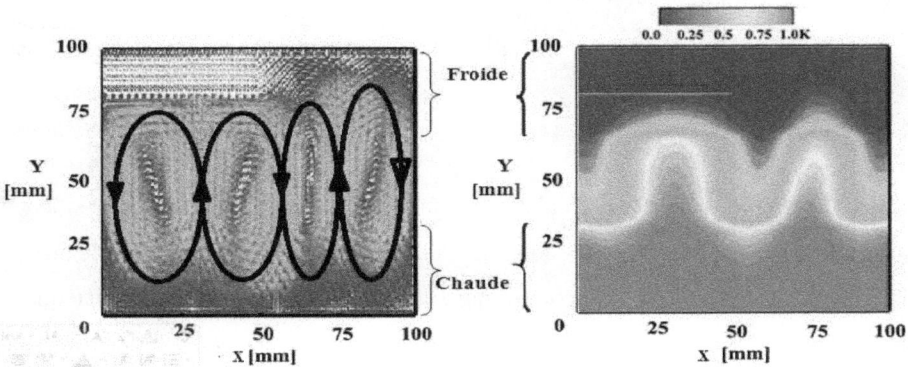

Figure IV- 25:Champs de vitesse et de température pour l'huile Silicone. Cavité avec la partie froide ailettée.

91

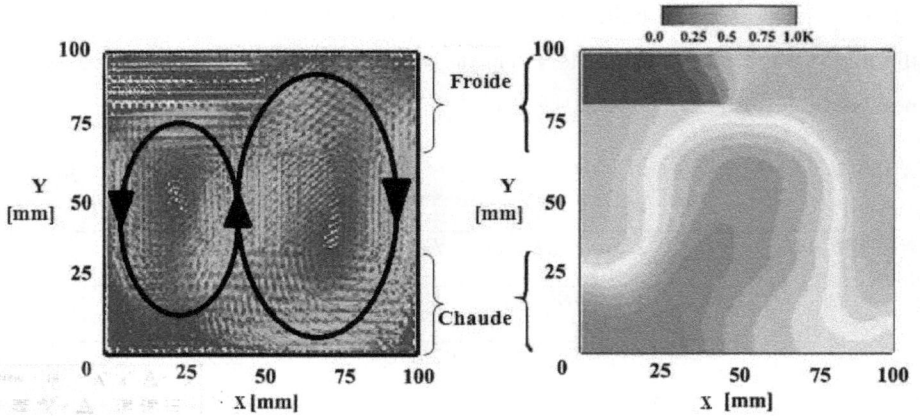

Figure IV- 26:Champs de vitesse et de température pour le mercure. Cavité avec la partie froide ailettée.

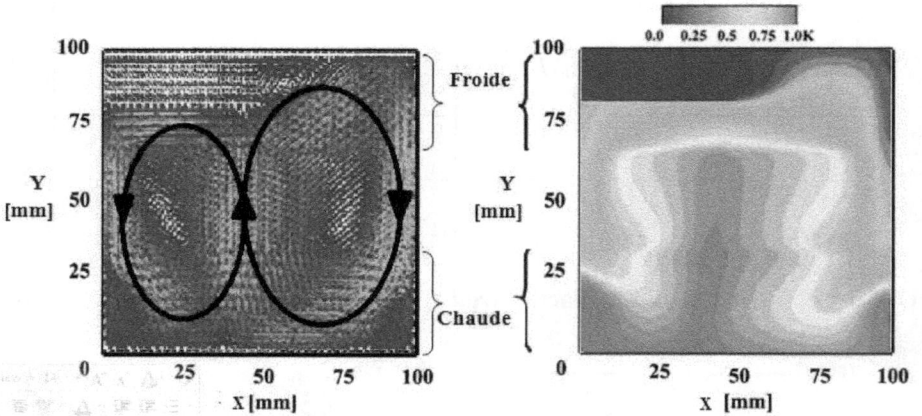

Figure IV- 27:Champs de vitesse et de température pour l'eau. Cavité avec la partie froide ailettée.

Le tableau (IV-4) présente les résultats obtenus pour différents fluides (huile silicone, eau ou mercure) pour les mêmes dimensions de la cavité avec la partie froide ailettée et la même différence de température qui est appliquée. On peut remarquer que le mercure permet d'avoir la plus grande densité de flux thermique suivi de l'eau alors que l'huile silicone est le fluide pour lequel la densité de flux thermique est la plus petite, et la valeur de Nusselt moyens est propotionnal avec le nombre de Rayleigh

Tableau IV- 4:Nombre de Nusselt et densité de flux moyens pour différents fluides.
Cavité avec la partie froide ailettée.

Fluide	Huile Silicone	Eau	mercure
Ra	$1,95*10^5$	$5,05*10^5$	$1,23*10^5$
Pr	212	7,026	0,024
Nu_c	12,4037	18,774997	1,999374
Nu_f	8,980913	53,18913	2,070756
φ_c (W/m^2)	5,168925	24,26651	29,857855
φ_f (W/m^2)	-4,724323	-24,71672	-37,60769
Φ_c (W)	$1,722*10^{-2}$	$8,08*10^{-2}$	$9,95*10^{-2}$
Φ_f (W)	$-1,574*10^{-2}$	$-8,238*10^{-2}$	$-1,253*10^{-1}$

Le tableau (IV-5) présente les résultats obtenus pour différents fluides (huile silicone, eau et mercure) et différentes positions (H_a) de l'ailette. La longueur de l'ailette étant la même (L_a = 50 mm) ainsi que les dimensions de la cavité et la différence de température appliquée. On peut remarquer que :

1) Le mercure permet d'avoir la plus grande densité de flux thermique suivi de l'eau alors que l'huile silicone est le fluide pour lequel la densité de flux thermique est la plus petite.

2) La valeur de Nusselt moyens est propotionnal avec le nombre de Rayleigh.

3) La position de l'ailette (H_a = 82 mm) permet d'avoir la plus grande densité de flux thermique et de Nusselt moyens suivie de la position (H_a = 16 mm) alors que H_a = 49 mm est la position pour laquelle la densité de flux thermique et le nombre de Nusselt moyens est plus petite.

*Tableau IV- 5:Nombre de Nusselt et densité de flux moyens pour différents fluides et différentes hauteurs de l'ailette (H_a). Cavité de 100 mm*100 mm*5 mm). $L_a = 50$ mm et $\Delta T = 1$ K.*

	Hauteur de l'ailette H_a (mm)	Huile Silicone	Eau	Mercure
Ra		$1,95*10^5$	$5.05*10^5$	$1.23*10^5$
Pr		212	7,026	0,024
Nu_c	16,16	3,849859	10,203787	2,478
	49	2,128939	3,2843	1,999374
	82	8,774997	12,4037	7,4525
Nu_f	16,16	8,980913	22,9683	2,070756
	49	2,153452	3,224	1,1774
	82	10,04099	53,18913	3,9193
φ_c (W/m^2)	16,16	4,1342525	6,323273	8,4659853
	49	1,4087216	2,9447527	6,605097
	82	5,168925	24,26651	29,857855
φ_f (W/m^2)	16,16	-4,033134	-5,1031241	-11,716762
	49	-1,450031	-2,902504	-5,247843
	82	-4,724323	-24,71672	-37,60769
Φ_c (W)	16,16	$1,3779*10^{-2}$	$2,107*10^{-2}$	$2,8217*10^{-2}$
	49	$4,6952*10^{-3}$	$9,8148*10^{-3}$	$2,2*10^{-2}$
	82	$1,722*10^{-2}$	$8,08*10^{-2}$	$9,95*10^{-2}$
Φ_f (W)	16,16	$-1,344*10^{-2}$	$-1,7*10^{-2}$	$-3,9*10^{-2}$
	49	$-4,8329*10^{-3}$	$-9,674*10^{-3}$	$-1,75*10^{-2}$
	82	$-1,574*10^{-3}$	$-8,238*10^{-2}$	$-1,253*10^{-1}$

Dans les figures ci-dessous   (Figure IV-28 et IV-29), les flux de chaleur au   niveau respectivement de la partie chaude et celle froide de la paroi verticale sont tracés en fonction de la position de l'ailette et ce pour différents fluides. Il est évident que c'est le mercure qui permet les meilleurs flux de chaleurs transférés suivi de l'eau, alors les flux thermiques correspondants à l'huile silicone sont les plus petits.

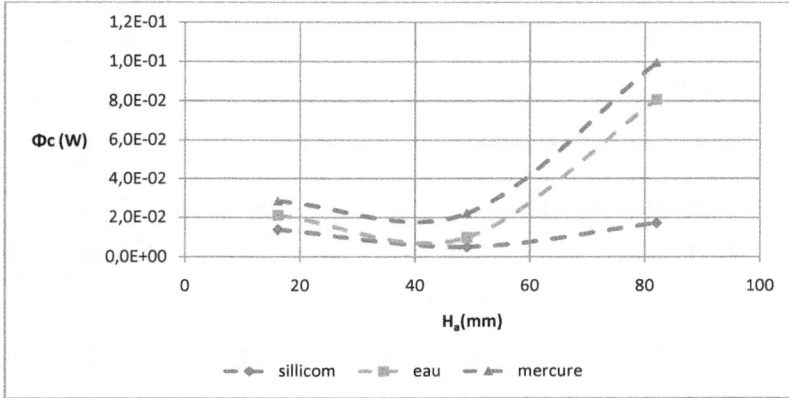

Figure IV- 28:Flux thermique (W) en fonction de H_a (mm) pour la partie chaude de la paroi vertical et pour différents fluides.

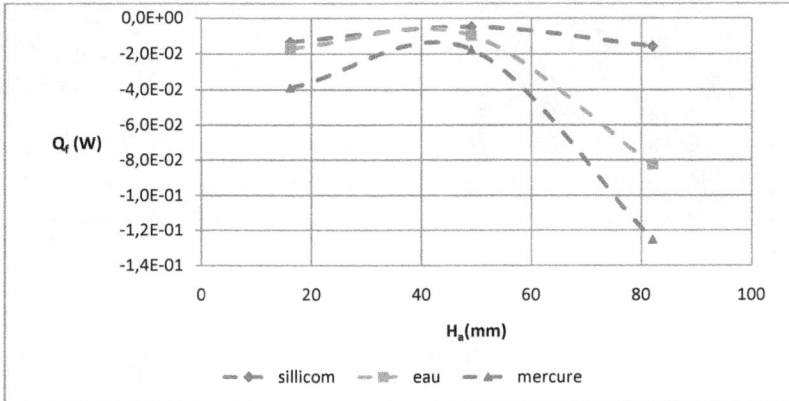

Figure IV- 29:Flux thermique (W) en fonction de H_a (mm) pour la partie froide de la paroi verticale et pour différents fluides.

95

IV-5-2-Influence de la position (H$_a$) et de la longueur (L$_a$) de l'ailette avec le mercure comme fluide et le plexiglas comme matériau pour les parois solides.

Comme on a constaté que c'est le mercure et que la configuration de cavité avec la partie froide de la paroi verticale ailettée qui permettent les meilleurs transferts de chaleur, on va considérer dans ce qui suit l'influence de H$_a$ et L$_a$ au niveau de cette partie de la cavité.

IV-5-2-1- Pour une longueur de l'ailette (L$_a$ = 50 mm).

Dans les figures suivantes, on expose les champs de température et de vitesse obtenus dans la cavité avec la partie froide munie d'une ailette ayant une longueur de L$_a$ = 50 mm, et dont on change la position de l'ailette H$_a$.

IV-5-2-1-a- Cavité avec la partie froide ailettée (H$_a$ = 77 mm et L$_a$ = 50 mm) :

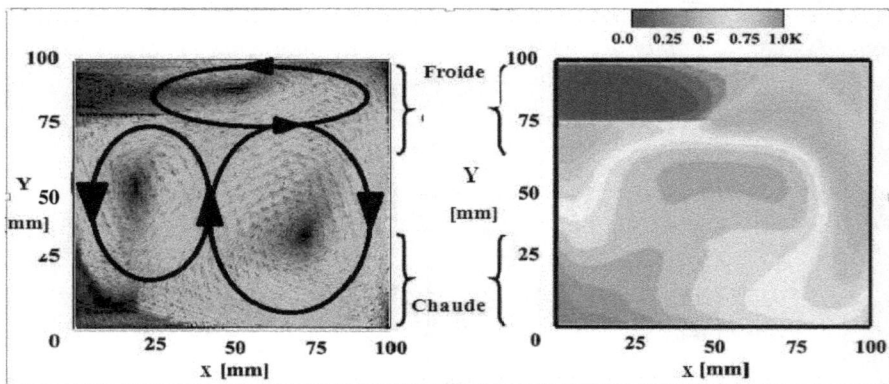

Figure IV- 30:Champs de vitesse et de température pour mercure. Cavité avec la partie froide ailettée. (H$_a$ = 77 mm et L$_a$ = 50 mm).

IV-5-2-1-b- Cavité avec la partie froide ailettée (H$_a$ = 82 mm et L$_a$ = 50 mm) :

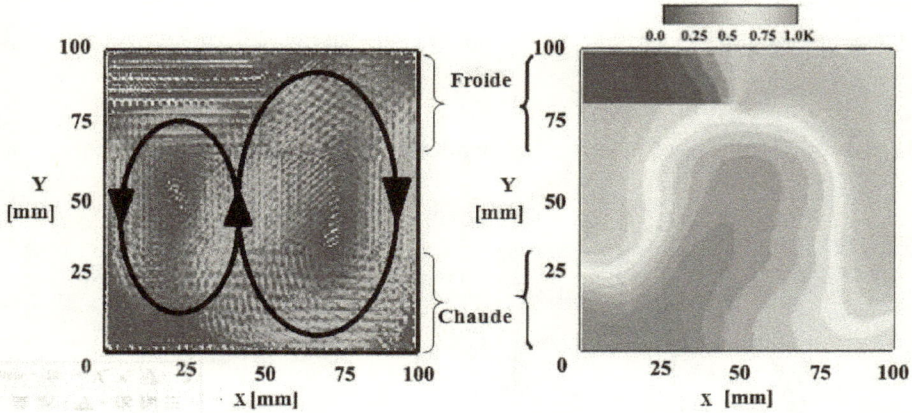

Figure IV- 31:Champs de vitesse et de température pour mercure. Cavité avec la paroi froide ailettée. (H$_a$ = 82 mm et L$_a$ = 50 mm)

IV-5-2-1-c- Cavité avec la partie froide ailettée (H$_a$ = 88 mm et L$_a$ = 50 mm) :

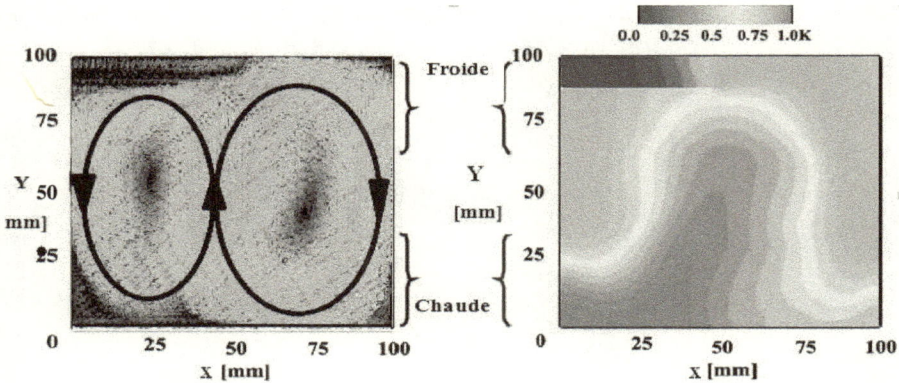

Figure IV- 32:Champs de vitesse et de température pour mercure. Cavité avec la partie froide ailettée. (H$_a$ = 88 mm et L$_a$ = 50 mm)

IV-5-2-2- Pour une longueur de l'ailette (L_a = 25 mm).

Dans les figures suivant on expose les champs de vitesse et de température obtenus dans la cavité avec la partie froide ailettée ayant une longueur L_a = 25 mm et dont on change la position pour voir son influence sur la distribution de vitesse et de température.

IV-5-2-2-a- Cavité avec la partie froide ailettée (H_a = 77 mm et L_a = 25 mm) :

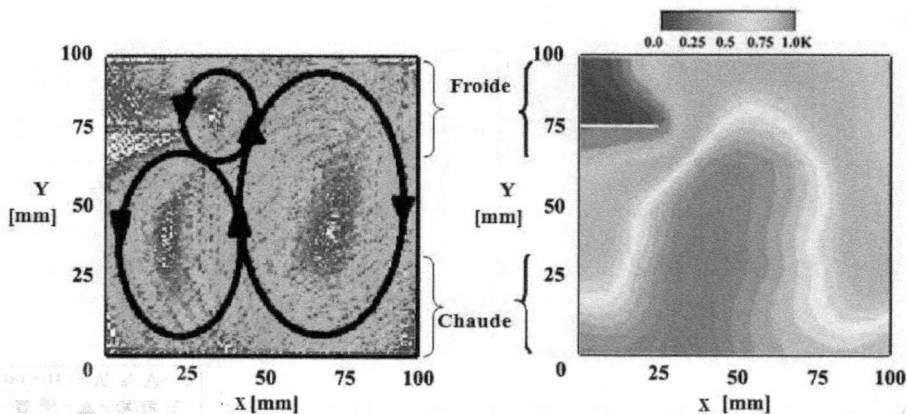

Figure IV- 33:Champs de vitesse et de température pour mercure. Cavité avec la paroi froide ailettée. (H_a = 77 mm et L_a = 25 mm)

IV-5-2-2-b- Cavité avec la partie froide ailettée (H_a = 82 mm et L_a = 25 mm) :

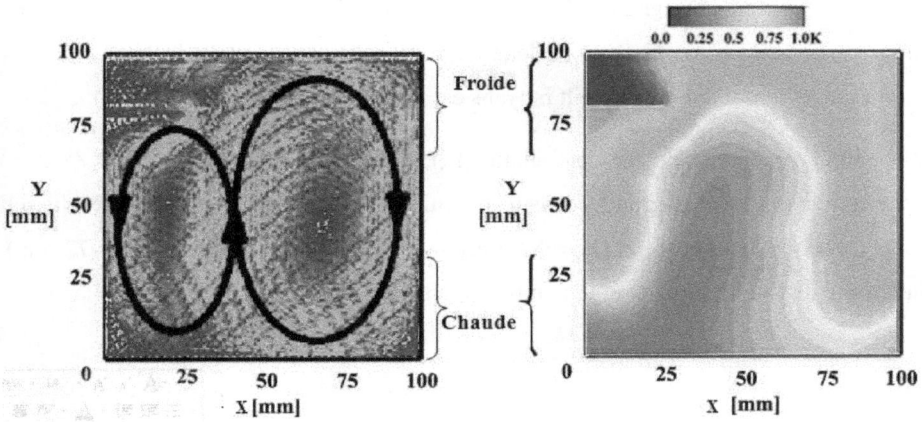

Figure IV- 34:Champs de vitesse et de température pour mercure. Cavité avec la partie froide ailettée. (H_a = 82 mm et L_a = 25 mm)

IV-5-2-2-c- Cavité avec la partie froide ailettée (H_a = 88 mm et L_a = 25 mm) :

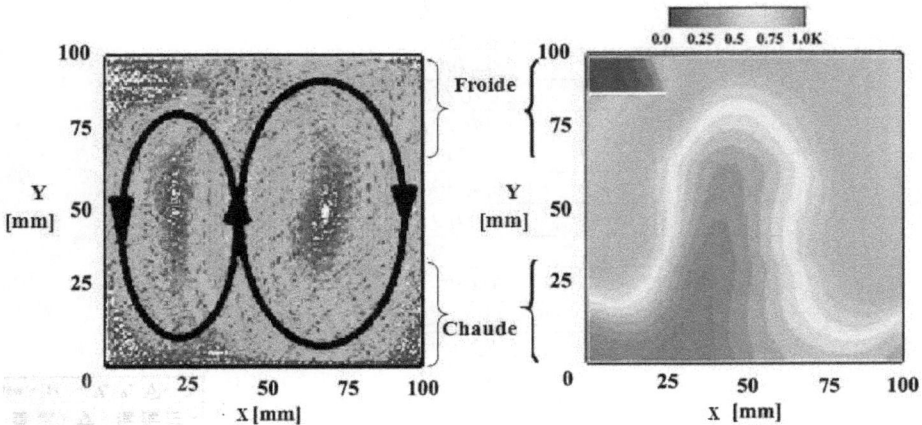

Figure IV- 35:Champs de vitesse et de température pour mercure. Cavité avec la paroi froide ailettée. (H_a = 88 mm et L_a = 25 mm)

Dans le tableau (IV-6), les résultats numériques obtenus sont rassemblés et les variations des flux de chaleurs transférés sont présentées dans les figures IV-36 et IV-37. On peut remarquer que :

1) Pour une même position de l'ailette (H_a), la longueur de l'ailette ($L_a = 50$ mm) permet d'avoir la plus grande densité de flux thermique et de nombre de Nusselt moyens suivie de la longueur de l'ailette ($L_a = 25$ mm) pour laquelle la densité de flux thermique et le nombre de Nusselt moyens est plus petite.

2) pour une même longueur de l'ailette (L_a), la position de l'ailette ($H_a = 88$ mm) permet d'avoir la plus grande densité de flux thermique et de nombre de Nusselt moyens suivie de la position ($H_a = 82$ mm) ; alors que pour la position ($H_a = 77$ mm), la densité de flux thermique et le nombre de Nusselt moyens est plus petite.

Tableau IV- 6: Nombres de Nusselt moyens et les flux de chaleur pour différentes longueur de l'ailette (L_a) et différentes hauteurs de l'ailette H_a.

	Hauteur de l'ailette H_a (mm)	Longueur de l'ailette $L_a = 25$ mm	Longueur de l'ailette $L_a = 50$ mm
Nu_c	77	1,738686	2, 46338
	82	1,149271	1,5917244
	88	1,999374	2,696225
Nu_f	77	4,624969	6,126625
	82	2,070756	2,183152
	88	8,446721	16,23746
φ_c (W/m^2)	77	17,68473	24,841892
	82	26,905003	29,857855
	88	28,101936	31,13228
φ_f (W/m^2)	77	-25,57422	-30,038
	82	-30.6962	-37.60769
	88	-35,34526	-40,2394
Φ_c (W)	77	$5,8359*10^{-2}$	$8,197*10^{-2}$
	82	$8,878*10^{-2}$	$9,853*10^{-2}$
	88	$9,2736*10^{-2}$	$1,027*10^{-1}$
Φ_f (W)	77	$-8,44*10^{-2}$	$-9,9125*10^{-2}$
	82	$-1,013*10^{-1}$	$-1,241*10^{-1}$
	88	$-1,1664*10^{-1}$	$-1,328*10^{-1}$

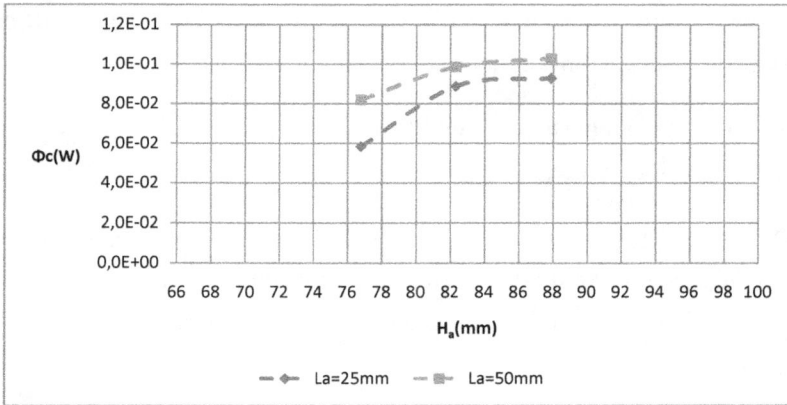

Figure IV- 36:Flux thermique (W) en fonction de H_a (mm) pour la partie chaude pour différentes longueurs de l'ailette (L_a). Cavité de dimensions (100 mm*100 mm*5 mm), $\Delta T = 1$ K. Le fluide (mercure) et les parois solides (plexiglas).

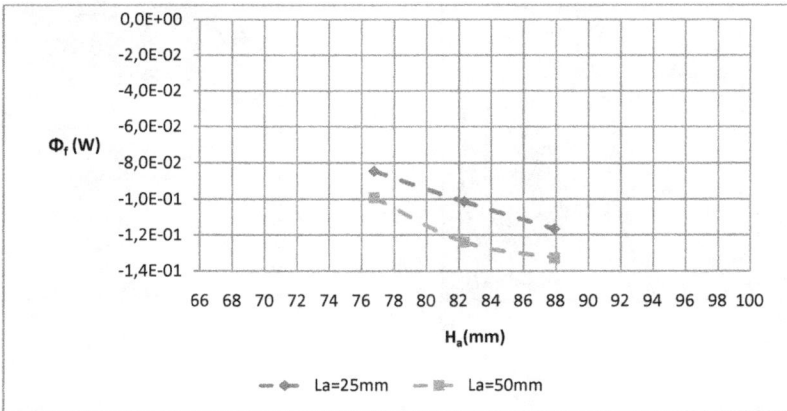

Figure IV- 37: Flux thermique (W) en fonction de H_a (mm) pour la partie froide pour différentes longueurs de l'ailette (L_a). Cavité de dimensions (100 mm*100 mm*5 mm), $\Delta T = 1$ K. Le fluide (mercure) et les parois solides (plexiglas).

IV-5-3-Influence du matériau des parois solides :

Pour voir l'influence du matériau des parois solides, on a aussi considéré des parois en acier inoxydable (aisi304) pour les mêmes dimensions de la cavité et la même différence de température (100 mm*100 mm*5 mm, ΔT=1 K). A partir des champs de

101

vitesse et de températures obtenus (Figures IV.38-43), on a calculé les flux de chaleur et les nombre de Nusselt moyens qui sont présentés dans le tableau (IV-7).

IV-5-3-1- Pour une longueur de l'ailette (L_a = 50 mm) avec l'acier comme solide et le mercure comme fluide.

Dans les figures suivantes, on expose les champs de vitesse et de température obtenus dans la cavité avec la paroi froide ailettée avec une longueur de L_a = 50 mm et dont on change la position pour voir son influence sur la distribution de vitesse et de température.

IV-5-3-1-a- Cavité avec la partie froide ailettée (position H_a = 77 mm):

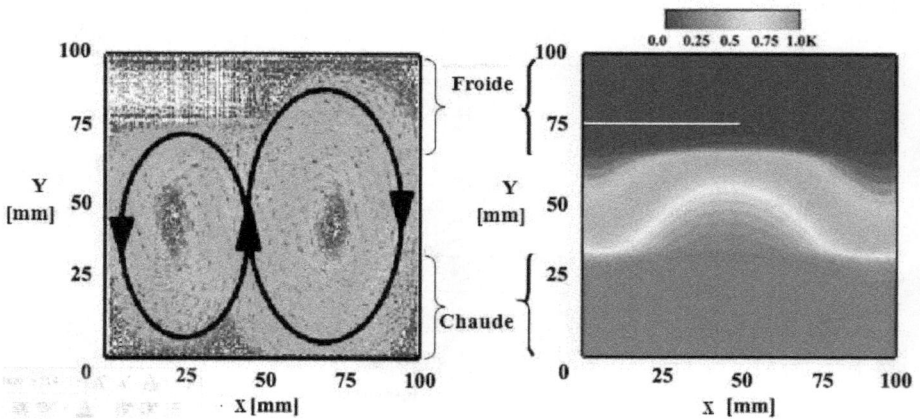

Figure IV- 38:Champs de vitesse et de température pour le mercure dans une cavité en acier. Cavité avec la partie froide ailettée (H_a = 77 mm).

IV-5-3-1-b- Cavité avec la partie froide ailettée (position H$_a$ = 82 mm) :

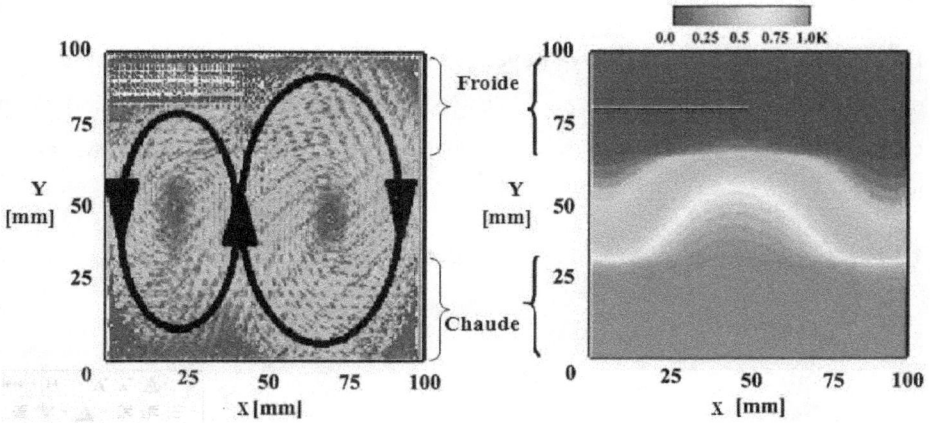

Figure IV- 39: Champs de vitesse et de température pour le mercure dans une cavité en acier. Cavité avec la partie froide ailettée (H$_a$ = 82 mm).

IV-5-3-1-c- Cavité avec la partie froide ailettée (position H$_a$ = 88 mm):

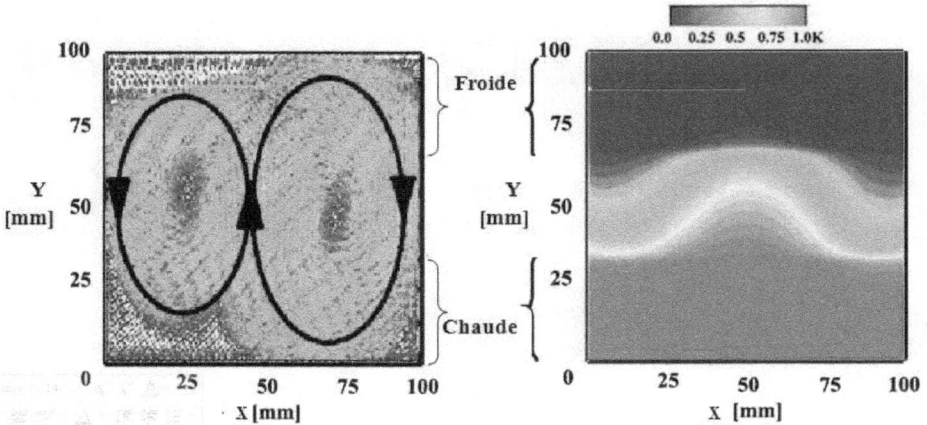

Figure IV- 40: Champs de vitesse et de température pour le mercure dans une cavité en acier. Cavité avec la partie froide ailettée (H$_a$ = 88 mm).

IV-5-3-2- Pour une longueur de l'ailette (L_a = 25 mm) avec l'acier comme solide et le mercure comme fluide :

Dans les figures suivantes, on expose les champs de vitesse et de température obtenus dans la cavité avec la paroi froide ailettée avec une longueur de L_a = 25 mm et dont on change la position pour voir son influence sur la distribution de vitesse et de température.

IV-5-3-2-a- Cavité avec la partie froide ailettée (position H_a = 77 mm):

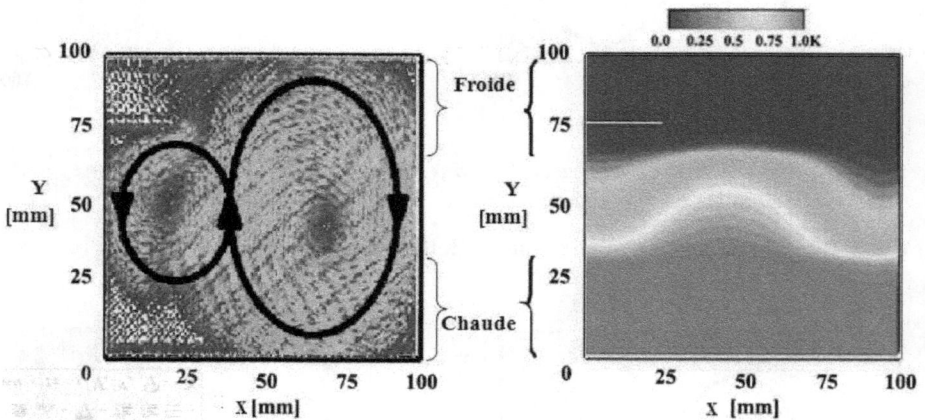

Figure IV- 41: Champs de vitesse et de température pour le mercure dans une cavité en acier. Cavité avec la partie froide ailettée (H_a = 77 mm).

IV-5-3-2-b- Cavité avec la partie froide ailettée (position H$_a$= 82 mm):

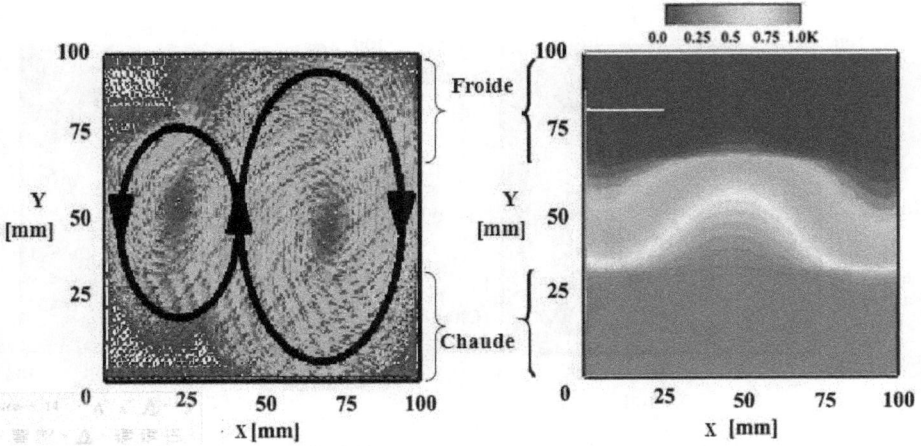

Figure IV- 42: Champs de vitesse et de température pour le mercure dans une cavité en acier. Cavité avec la partie froide ailettée (H$_a$ = 82 mm).

IV-5-3-2-c-Cavité avec la partie froide ailettée (position H$_a$ = 88 mm):

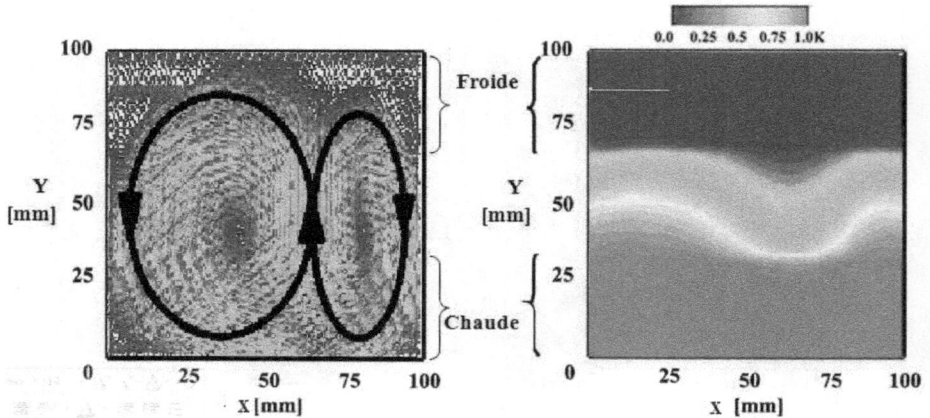

Figure IV- 43: Champs de vitesse et de température pour le mercure dans une cavité en acier. Cavité avec la partie froide ailettée (H$_a$ = 88 mm).

Dans le tableau (IV-7), les résultats numériques obtenus sont rassemblés et les variations des flux de chaleurs transférés sont présentées dans les figures IV-44 et IV-45. On peut remarquer que comme le mercure dans une cavité en plexiglas, on pour l'acier aussi:

1) Pour une même position de l'ailette (H$_a$), la longueur de l'ailette (L$_a$ = 50 mm) permet d'avoir la plus grande densité de flux thermique et de Nusselt moyens suivie de la longueur de l'ailette (L$_a$ = 25 mm) pour laquelle la densité de flux thermique et le Nusselt moyens est plus petite.

2) pour une même longueur de l'ailette (L$_a$), la position de l'ailette (H$_a$ = 88 mm) permet d'avoir la plus grande densité de flux thermique et de Nusselt moyens suivie de la position (H$_a$ = 77 mm) ; alors que pour la position (H$_a$ =82 mm), la densité de flux thermique et le Nusselt moyens est plus petite.

Tableau IV- 7 : Nombres de Nusselt moyens et les flux de chaleur pour différentes longueur de l'ailette (L_a) et différentes hauteurs de l'ailette H_a.

	Hauteur de l'ailette H_a (mm)	Longueur de l'ailette $L_a = 25$ mm	Longueur de l'ailette $L_a = 50$ mm
Nu_c	77	1,749485	1,968235
	82	1,274488	1,924496
	88	1,832419	5,505233
Nu_f	77	1,148883	6,948046
	82	1,1229272	1,9462866
	88	1,7412	21,67912
φ_c (W/m^2)	77	44,00027	57,24249
	82	51,865	61,45383
	88	57,218952	158,76508
φ_f (W/m^2)	77	-49,83123	-53,34792
	82	-61,7013	-72,39776
	88	-64,978905	-113,9142
Φ_c (W)	77	$1,452*10^{-1}$	$1,889*10^{-1}$
	82	$1,7115*10^{-1}$	$2,028*10^{-1}$
	88	$1,888*10^{-1}$	$5,024*10^{-1}$
Φ_f (W)	77	$-1,644*10^{-1}$	$-1,76*10^{-1}$
	82	$-2,036*10^{-1}$	$-2,39*10^{-1}$
	88	$-2,144*10^{-1}$	$-3,76*10^{-1}$

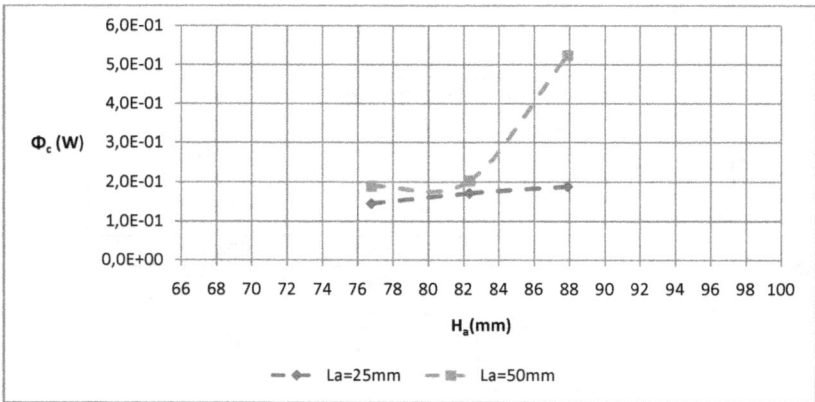

Figure IV- 44:Flux thermique (W) en fonction de H_a (mm) pour la partie chaude et pour différentes longueurs de l'ailette (L_a). Mercure dans une cavité en acier.

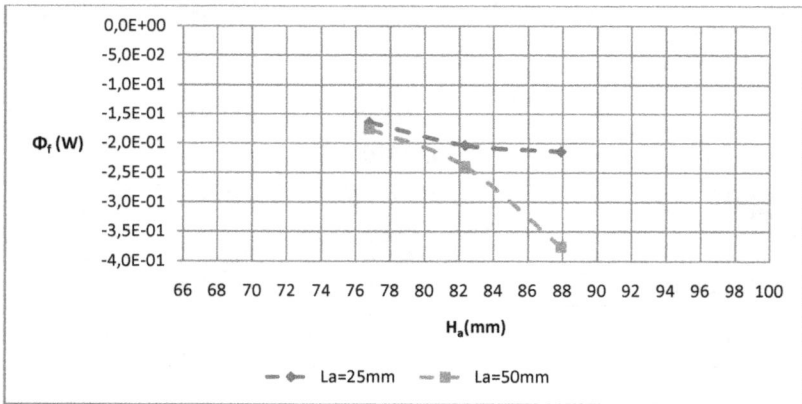

Figure IV- 45: Flux thermique (W) en fonction de H_a (mm) pour la partie froide et pour différentes longueurs de l'ailette (L_a). Mercure dans une cavité en acier.

Les figures (IV.46-49) représentent des courbes comparatives pour le même fluide (mercure) et différentes parois solides (plexiglas et acier) pour les mêmes dimensions de la cavité avec la partie froide ailettée et la même différence de température qui est appliquée. On peut remarquer que pour la même position de l'ailette (H_a=cst) et pour la même longueur de l'ailette (L_a=cst) : l'acier permet d'avoir la plus grande densité

108

de flux thermique suivi du plexiglas pour lequel la densité de flux thermique est plus petite.

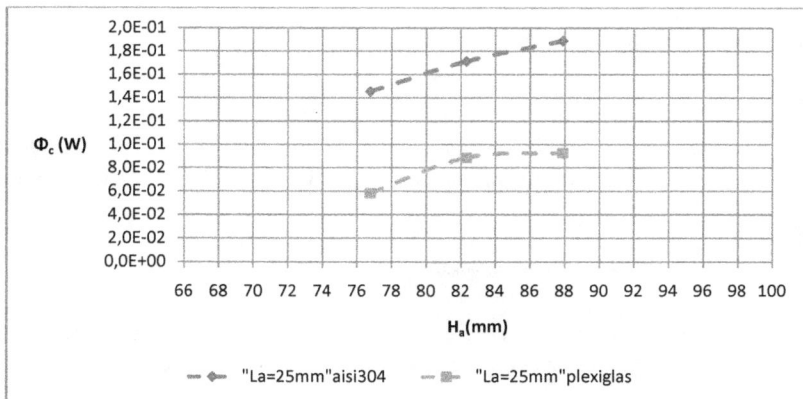

Figure IV- 46:Flux thermique (W) en fonction de H_a (mm) pour la partie chaude et pour les deux matériaux solides. L_a = 25 mm.

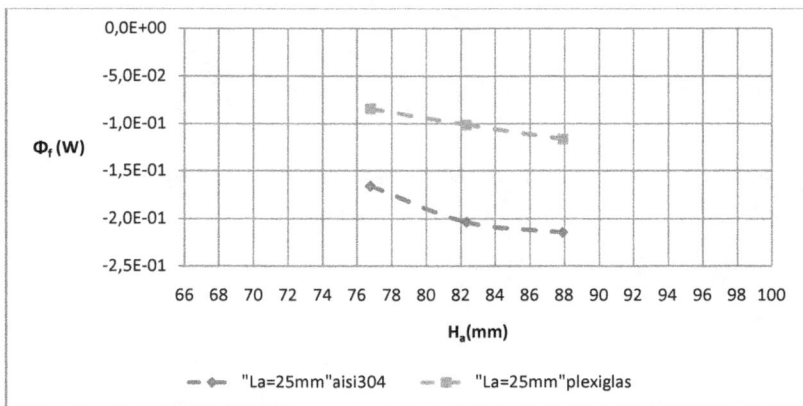

Figure IV- 47: Flux thermique (W) en fonction de H_a (mm) pour la partie froide et pour les deux matériaux solides. L_a = 25 mm.

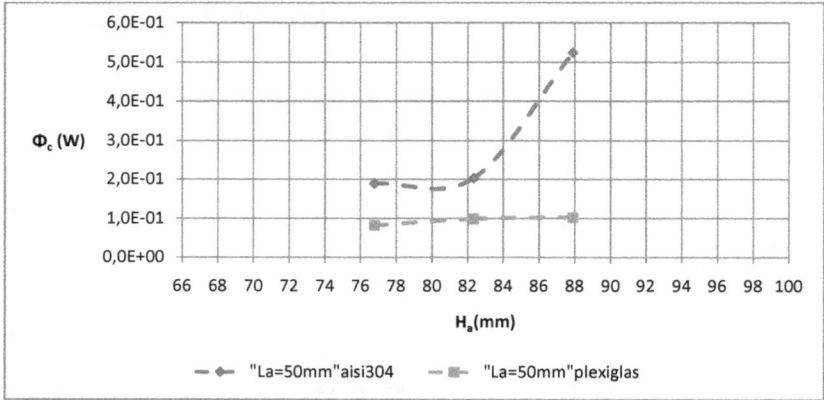

Figure IV- 48: Flux thermique (W) en fonction de H_a (mm) pour la partie chaude et pour les deux matériaux solides. $L_a = 50$ mm.

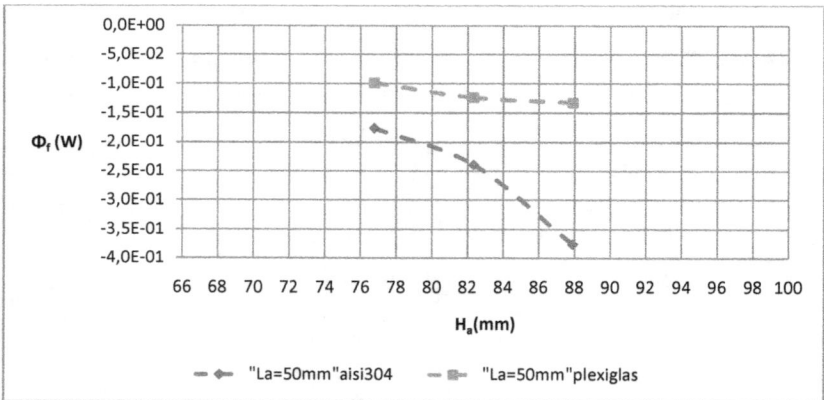

Figure IV- 49: Flux thermique (W) en fonction de H_a (mm) pour la partie froide et pour les deux matériaux solides. $L_a = 50$ mm.

IV-5-4-Influence de la variation de la différence de température (ΔT) :

Dans ce qui suit, on va considérer l'influence de la variation de la différence de température appliquée sur les champs de vitesse et de température (Figures IV.50-52) dans une cavité avec la partie froide qui est ailettée (position ($H_a = 88$ mm) et longueur ($L_a = 50$ mm)). La cavité étant en acier et est remplie de mercure.

110

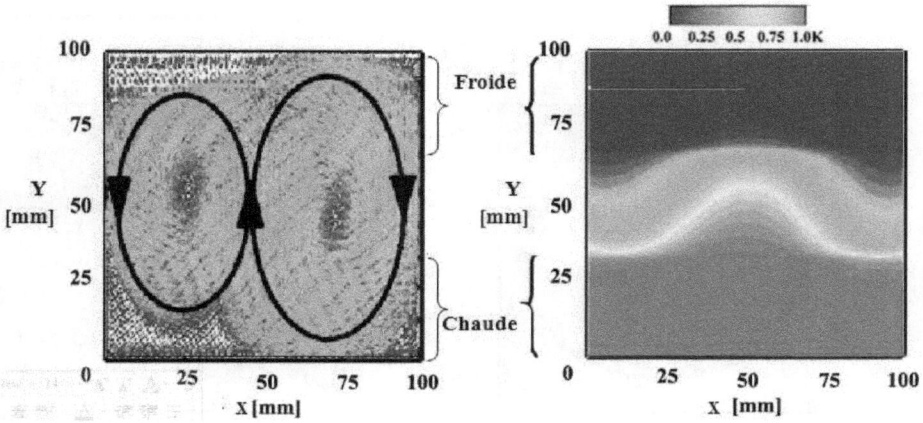

Figure IV- 50 :Champs de vitesse et de température pour ΔT = 1K.

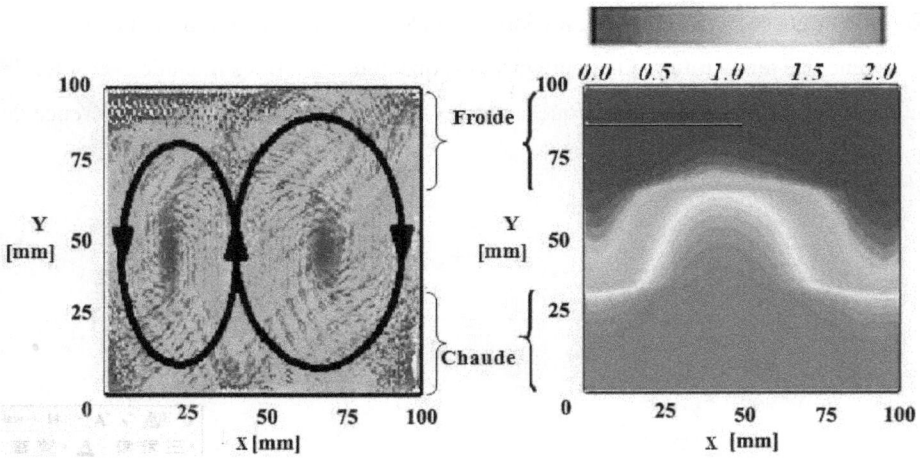

Figure IV-51:Champs de vitesse et de température pour ΔT = 2K.

111

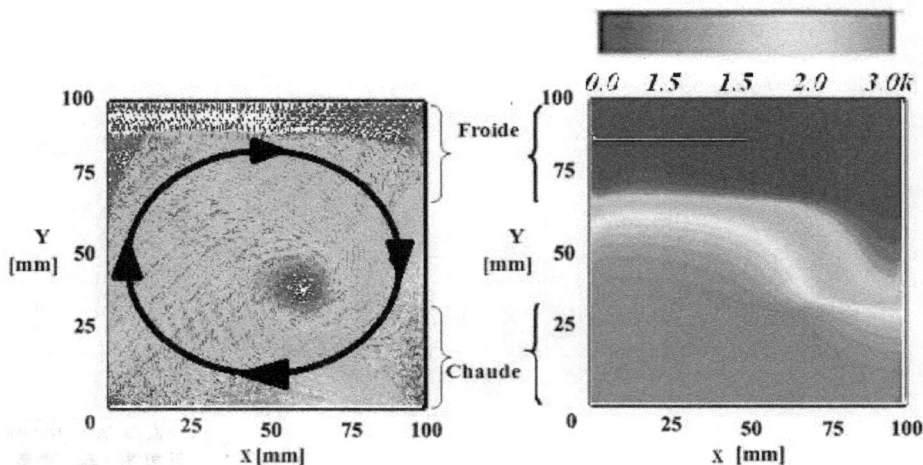

Figure IV-52:Champs de vitesse et de température pour ΔT = 3K.

Dans les figures IV-53 et IV-54, les flux de chaleur sont tracés en fonction de la différence de température. On peut ainsi voir que pour les parties (chaude et froide) de la paroi verticale, les flux thermiques sont des fonctions croissantes de la différence de température appliquée.

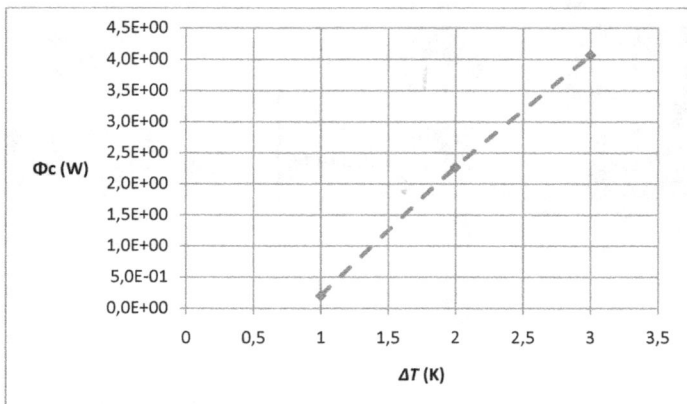

Figure IV-53:Flux thermique (W) en fonction de ΔT(K) pour la partie chaude.
$L_a = 50$ mm et $H_a = 88$ mm.

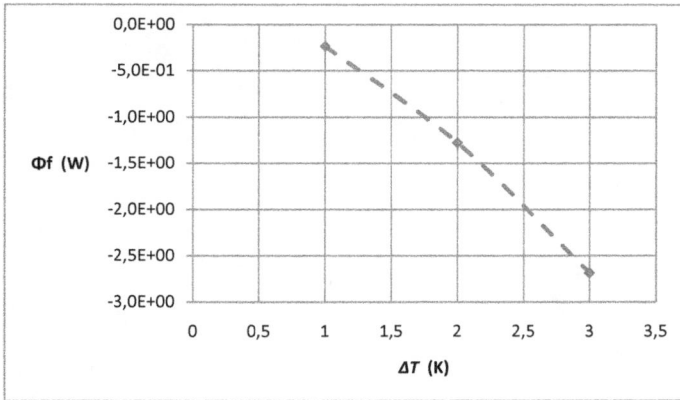

Figure IV-54: Flux thermique (W) en fonction de $\Delta T(K)$ pour la partie froide.
$L_a = 50$ mm et $H_a = 88$ mm.

IV-6- Conclusion:

En utilisant le code CFD « FLUENT », basé sur la méthode des volumes finis, on a pu déterminer les champs thermique et dynamique ainsi que les variations des flux de chaleur et les nombres de Nusselt moyens dans le but de caractériser les taux de transfert de chaleur à l'intérieur de la cavité et de trouver la conception optimale qui permet un contrôle thermique adéquat.

Conclusion générale

Conclusion générale

Dans l'étude présentée dans ce mémoire, on a mené une étude numérique de la convection naturelle dans une enceinte rectangulaire verticale simulant un thermosiphon remplie de métal liquide et soumise à un gradient vertical de température. En se basent sur les approximations de Boussinesq, on a développé le modèle mathématique décrivant notre problème. On a mené les simulations numériques en utilisant le code FLUENT qui se base sur la méthode des volumes fins. Un premier travail de validation a été réalisé en comparant nos résultats avec ceux d'autres auteurs.

Pour montrer l'influence de la nature du fluide sur les écoulements convectifs, des fluides, à hauts nombres de Prandtl (tels que l'huile silicone et l'eau) et d'autre à bas nombres de Prandtl (tel que le mercure) ont étés utilisés.

Une étude paramétrique de la convection naturelle dans une cavité carrée avec ailette a été également menée. Pour les mêmes dimensions de la cavité et la même différence de température appliquée, on a changé la longueur et la position de l'ailette dans les trois zones de la cavité pour voir son influence sur la distribution de température et de vitesse ainsi que sur les flux de chaleur transférés. On a pu ainsi voir à travers les champs de température, la densité de flux de chaleur et le nombre de Nusselt moyen ainsi que sur les structures convectives observées que:

1) le mercure permet d'avoir la plus grande densité de flux thermique suivi d'eau alors que l'huile silicone est le fluide pour lequel la densité de flux thermique est la plus petite.

2) La configuration de la cavité avec la paroi froide ailettée (H_a = 82 mm) permet d'avoir la plus grande densité de flux thermique suivie de celle correspondant à la paroi chaude ailettée (H_a=16 mm) alors que pour le cas de la paroi adiabatique ailettée (H_a = 49 mm), la densité de flux thermique est la plus petite.

3) Le nombre de Nusselt moyens est propotionnal avec le nombre de Rayleigh.

4) La configuration de la cavité avec la paroi froide ailettée ($H_a = 82$ mm) permet d'avoir le plus grand nombre de Nusselt moyens suivie de celle correspondant à la paroi chaude ailettée ($H_a=16$ mm) alors que pour le cas de la paroi adiabatique ailettée ($H_a = 49$ mm),le nombre de Nusselt moyens est le plus petit.

Par la suite une étude détaillée avec le mercure, comme fluide de convection, a été menée. Le mercure a été choisi, parce qu'il permet d'avoir la plus grande densité de flux thermique dans les deux cas (avec ou sans ailette).

Pour montrer l'influence de la nature du solide sur les parois de la cavité, on a comparé le plexiglas et l'acier pour les mêmes dimensions de la cavité et le même gradient de température.

Par la suite une étude pour montrer l'influence d'un gradient vertical de température sur le flux de chaleur a été également menée.

Référence bibliographique

Référence bibliographique

[1] S. Djimli, modélisation de la convection à faible nombre de Prandtl, mémoire de magister option thermo-fluides, université Mentouri-Constantine (2004).

[2] M. Chaour, Interaction des structures tourbillonnaires avec la couche limite dans une cavité différentiellement chauffée, mémoire de magister, université Mentouri-Constantine (2010).

[3] A Trabelsi, Etude de l'échange thermique dans une cavité rectangulaire avec deux côtés partiellement actifs, mémoire de magister option énergétique et procédés, université Kacdi Merbah-Ouargla (2011).

[4] H. Bénard, les Tourbillons cellulaires dans une nappe Liquide transportant de la chaleur par convection en régime permanent, Ann. Chim. Phys. 7 (Ser. 23): pp.62-79 (1901).

[5] L. Rayleigh, « On convection currents in a horizontal layer of fluid when the higher temperature is on the underside», Phil. Mag. Vol.32 , pp.529-538 (1916).

[6] F. P. Incopera and D. P. Dewitt, « Introduction to heat transfer, Second edition », Wiley (1990).

[7] C. Romestant, études théoriques et expérimentales de caloducs et de thermosiphons soumis à de fortes accélérations. Thèse de Doctorat, Université de Poitiers, (2000).

[8] R Hopkins, A Faghri, and D Khrustalev, « Flat miniature heat pipes with micro capillary groove», Journal of Heat Transfers, Vol. 121, pp. 102-109, (1999).

[9] Y Cao, M Gao, J.E Beam, and B Donovan, « Experiments and Analyses of Flat Miniature Heat Pipes», Journal of Thermophysics and Heat Transfer, Vol. 11, pp. 158-164, (1997).

[10] S.W Chi, « Heat Pipe Theory and Practice», McGraw-Hill, (1976).

[11] Esdu, «Heat Pipes - Performance of two-phase closed thermosyphons», Engineering Sciences Data Unit 81038, London, (1981).

[12] H. Jouhara, O. Martinet, and A.J. Robinson, « Experimental Study of Small Diameter Thermosyphons Charged with Water, FC-84, FC-77 & FC-3283», 5th European Thermal-Sciences Conference, The Netherlands, (2008).

[13] A Bricard, S Chaudourne, «Caloducs», Techniques de l'ingénieur, traite Génie énergétique, B 9 54 -1 a 24, B9 54 -1 a 2.

[14] T.P Cotter, « Principles and Prospects of Micro Heat Pipes», Proc. 5th International Heat Pipe Conf, Tsukuba, Japan, pp 328-335, (1984).

[15] A Faghri, D Khrustalev, «Thermal analysis of Micro Heat Pipe», ASME HTD, heat pipe and capillary pumped loop, vol. 236, pp. 19-30, (1993).

[16] G.P Peteron, A.B Duncan, A. S Ahmed, A. K Mallik, and H. Weichodm, « Experimental investigations of micro heat pipes in silicon wafers, Micromechanical Sensors, Actuators and Systems», ASME-DSC, vol. 32, pp. 341-348, Tsukuba, Japan, pp 328-335, (1984).

[17] A Faghri , «Heat Pipe Science and Technology», Taylor and Francis,(1995).

[18] A. Bejan and A.D. Kraus, «heat transfer handbook», John Wiley and sons Inc., New Jersey (2003).

[19] C. Benseghir, étude de la convection naturelle dans une cavité ayant une paroi ailettée, mémoire magister, université de Batna (2008).

[20] Novembre et M.W Nansteel, « Natural convection in rectangular enclosures heated from below and cooled along one side», Int. J. Heat Mass Transfer, vol. 30No. 11, pp. 2433-40 (1987).

[21] M.M. Ganzarolli, L.F. Milanez, «Natural convection in rectangular enclosures heated from below and symmetrically cooled from the sides», Int. J. Heat Mass Transfer, vol. 38, pp.1063-1073 (1995).

[22] G. de Vahl Davis, « Natural convection of air in a square cavity, a bench mark solution». Int. J. Numer. Methods Fluids, vol. 3, pp. 249-264 (1983).

[23] E.K. Lakhal et M. Hasnaoui, convection naturelle dans une cavité carrée chauffée périodiquement par le bas, Revue générale de thermique, vol .27, pp.480-485 (1995).

[24] M. Hasnaoui, E. Bilgen, P. Vasseour, «Natural convection heat transfer in rectangular cavities partially heated from below», J. Thermophys. Heat Transfer, Vol. 6, pp. 255-264 (1992).

[25] I. Ishihara *, T. Fukui, R. Matsumoto,« Natural convection in a vertical rectangular enclosure with symmetrically localized heating and cooling zones», International Journal of Heat and Fluid Flow, Vol.23, pp. 366–372 (2002).

[26] Help Fluent (6.3.26).

[27] B Baudouy, étude thermo-hydraulique d'un thermosiphon en hélium diphasique et en configuration horizontale, Laboratoire de Cryogénie et Station d'Essai, Stage réalisé du 05/07/2010 au 19/12/2010, CEA Saclay.

[28] S.V. Patankar, «Numerical Heat Transfer and Fluid Flow ». Hemisphere McGraw-Hill, Washington, DC, (1980).

[29] A Omara, étude de la convection mixte transitoire conjuguée dans une conduite verticale épaisse », thèse de Doctorat (2008).

[30] Tutorial Gambit.

[31] B. Olivier, F. Thomas, G. Erwin, M. Sandrine, A Rezgui, étude de la convection naturelle dans une cavité carrée en 2D et 3D sous FLUENT et GAMBIT, projet Méthode numérique, école supérieure d'ingénieurs de Poitiers,(2009)

[32]H. Chebah, simulation numérique de la convection naturelle dans une cavité avec paroi ailettée et remplie de métal liquide, mémoire de master, université de Batna (2012).

[33] A. Bianchi. Y. Fautrelle and J. Etay, Transfert thermiques, presses polytechnique et universitaires Romandes, Lausanne (2004).

[34] D. Japikse, « Advances in thermosyphon technology», in: Adv. Heat Transfer 9, Academic Press, London, p. 47, (1973).

[35] G.D Mallinson, A.D Graham and G de Vahl Davis, «Three dimensional flow in a closed thermosyphon», J. Fluid Mech. Vol. 109, pp. 259-275, (1981).

[36] F.J Bayley, G.S.H. Lock, «Heat transfer characteristics of the closed thermosyphon», J. Heat Transfer. Vol. 87, pp 30–40, (1965).

[37] N. Ibrir, étude de la convection naturelle dans une cavité rectangulaire contenant du métal liquide, mémoire de Magister, université de Batna (2006).

[38] W. Tong, «Aspect ratio effect on natural convection in water near its density maximum temperature». Int. J. Heat Fluid Flow Vol.20 (6), pp. 624–633 (1999).

[39] F. Wolff, C. Beckermann and R. Viskanta, «Natural convection of liquid metals in vertical cavities», Experimental Thermal and Fluid Science, Vol.1, pp. 83-91 (1988).

[40] R. Viskanta, D. M. Kim and C. Gau, «Three-dimensional natural convection heat transfer of liquid metal in cavity», Int. J. Heat Mass Transfer,Vol. 29, pp. 475-485(1986).

[41] M. Bourich, M. Hasnaoui and A. Amahnid, «Double-diffusive natural convection in a porous enclosure partially heated from below and differentially salted». Int. J. Heat Fluid Flow, Vol.25(6), pp.1034-1046 (2004).

[42] S. Paolucci, D.R. Chenoweth, «Natural convection in shallow enclosures with differentially heated end walls». J. Heat Transfer, Vol. 110, pp. 625-634 (1988).

[43] M. J. Stewart and F. Weinberg, «Fluid flow in liquid metals I. Theoretical analysis», J. Crystal Growth, Vol.12, pp. 217-227 (1972).

[44] S. Wakashima and T.S. Saitoh, «Benchmark solution for natural convection in cubic cavity using the high order time space method». International Journal of Heat and Mass transfer, Vol.47, pp.853-864, (2004).

[45] A. Valencia, R.L. Frederick, «Heat transfer in square cavities with partially active vertical walls». Int. J. Heat Mass Transfer,Vol. 32, pp. 1567–1574 (1989).

[46] Q.-H. Deng, G.-F. Tang, Y. Li, « A combined temperature scale for analyzing natural convection in rectangular enclosures with discrete wall heat sources». Int. J. Heat Mass Transfer, Vol. 45, pp. 3437– 3446 (2002).

[47] D.W. Crunkleton, T. J. Anderson, «A numerical study of flow and thermal fields in tilted Rayleigh–Bénard convection», International Communications in Heat and Mass Transfer,Vol.33, pp. 24-29, (2006).

[48] E. Stalio , D. Angeli, G.S. Barozzi, «Numerical simulation of forced convection over a periodic series of rectangular cavities at low Prandt number», International Journal of Heat and Fluid Flow.Vol. 32, pp.1014–1023, (2011).

[49] R. L. Frederick and A. Valencia, «heat transfer in a square cavity with a conducting partition on its hot wall», Int. Commun. Heat mass transfer, Vol. 16, 347-354, (1989).

[50] A. Nag, A. Sarker and V. M. K. Sastri, «natural convection in a differentially heated square cavity with a horizontal partition plate on the hot wall», comput. Methods appl. Mech. Eng. Vol.110, pp.143-156, (1993).

[51] E. K. Lakhal, M. Hasnaoui, E. Bilgen and P. vasseur, «natural convection in inclined rectangular enclosures with perfectly conducting fins attached on the heated wall», heat mass transfer, Vol.32, pp. 365-373, (1997).

[52] S. H. Tasnim and M. R. Collins, «numerical analysis of heat transfer in square cavity with baffle on the hot wall», Int. Comm. heat transfer, vol. 31 (No. 5), pp.639-650, (2004).

[53] S. A. Nada «Natural convection heat transfer in horizontal and vertical closed narrow enclosures with heated rectangular finned base plate». International journal of heat and mass transfer, Vol.50, pp. 667-679, (2007).

[54] E. Arquis and M. Rady, «Study of natural convetion heat transfer in a finned horizontal fluid layer», international journal of thermal sciences, Vol. 44, pp.43-52, (2005).

[55] N. Yucel and H. Turkoglu, «Numerical analysis of lamina natural convection in enclosures with fins attached to an active wall», heat and mass transfer, Vol. 33, pp. 307-314, (1998).

[56] I. Ishihara, R. Matsumoto, A. Senoo, «Natural convection in a vertical rectangular enclosure with localizing heating and cooling zones», Heat Mass Transfer, Vol.36, pp. 467–472 (2000).